主な撮影地

北海道のシダ入門図鑑

梅沢 俊 著

北海道大学出版会

目　次

はじめに（この本の使い方）　2
科名・種名目次（用語解説を兼ねた）　3
この本ができるまで――あとがきに代えて　135

主な参考引用文献　134
和名索引　141
学名索引　144

はじめに

　これまで北海道のシダに関する本格的な図鑑がなく，種名を調べるには全国のシダを網羅した図鑑から北海道に分布する種を抜き出して調べなければならなく，大変不便であった。この本は一般の植物愛好家が北海道で見るであろう130種あまりのシダを紹介するものである。植物愛好家といってもさまざまである。この本は「シダの名前を覚えたいが似ているものが多くて諦めている」的な初心者を主な対象とした。加えてその将来の"シダ愛好家"のため，北海道内に記録された種をできるだけ網羅した。

　初心者は解説文を読んですんなりと理解できるとは思われないので，写真を多用し，さらに引き出し線を用いて視覚によって理解できるように工夫した。いわゆる"絵合わせ"で種名にたどりつけるようにした。パラパラとページをめくって調べるシダと似たものを探し出すのが"絵合わせ"だが，科名，種名の目次にその科に属する代表的な種の姿を載せてあるので，そこで見当をつけてもらってもよい。

　シダ植物はよく雑種をつくることが知られているが，この本では原則として雑種を扱っていない。愛好家にとっては面白く奥深い世界であろうが，初心者にとっては煩雑となって"シダ嫌い"になる恐れがあるからである。

　和名や学名，科や種名などの配列は原則として邑田仁監修・米倉浩司著『日本維管束植物目録』に従ったが，似た種類を比べやすいように並べ替えた部分もある。

　種名見出しの右端に掲載した北海道における分布図は，五十嵐博氏制作の元図に著者の情報を加えたものである。元図は，海老沢巳好(1999)，日野間彰(2013)，北方山草会(2008)，倉田・中池(1979～1997)，佐藤ほか(2004)，滝田(2001)などからの情報に五十嵐博氏の確認情報を加えて作成されたものである。小さな扱いだが種によっては分布の特性などがわかり，見分けの一助となるかと思う。なお，北方4島は情報が乏しいので割愛してある。北海道以外は，岩槻(1994)による日本国内の分布を元にした。

　種名見出し下地の色は，著者のまったくの主観によるものだが，次の基準で色分けした。白色はごくふつう～割とふつうに見られる種，黄色はやや珍しい種や分布が限られている種，赤色は極めて珍しい種である。

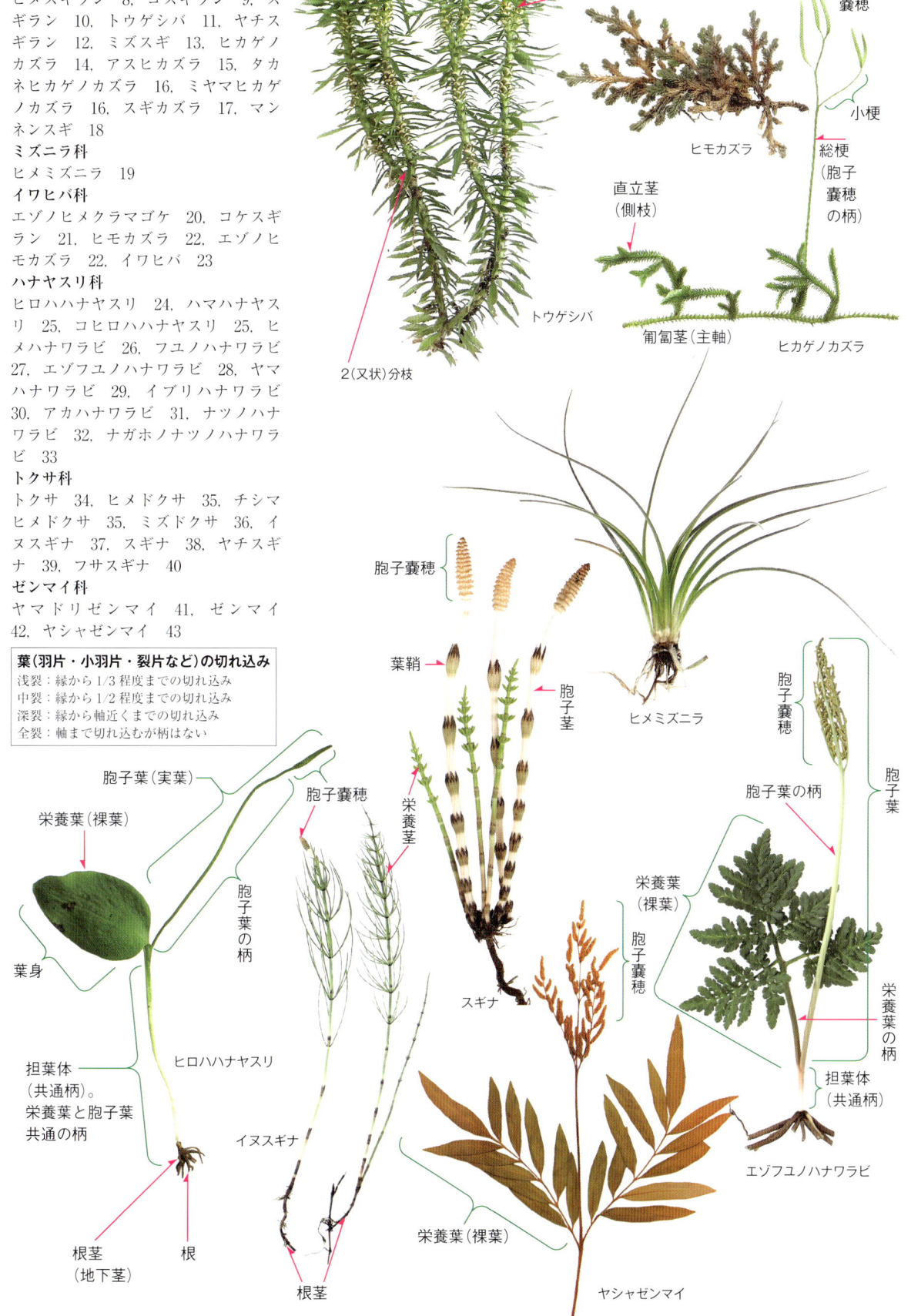

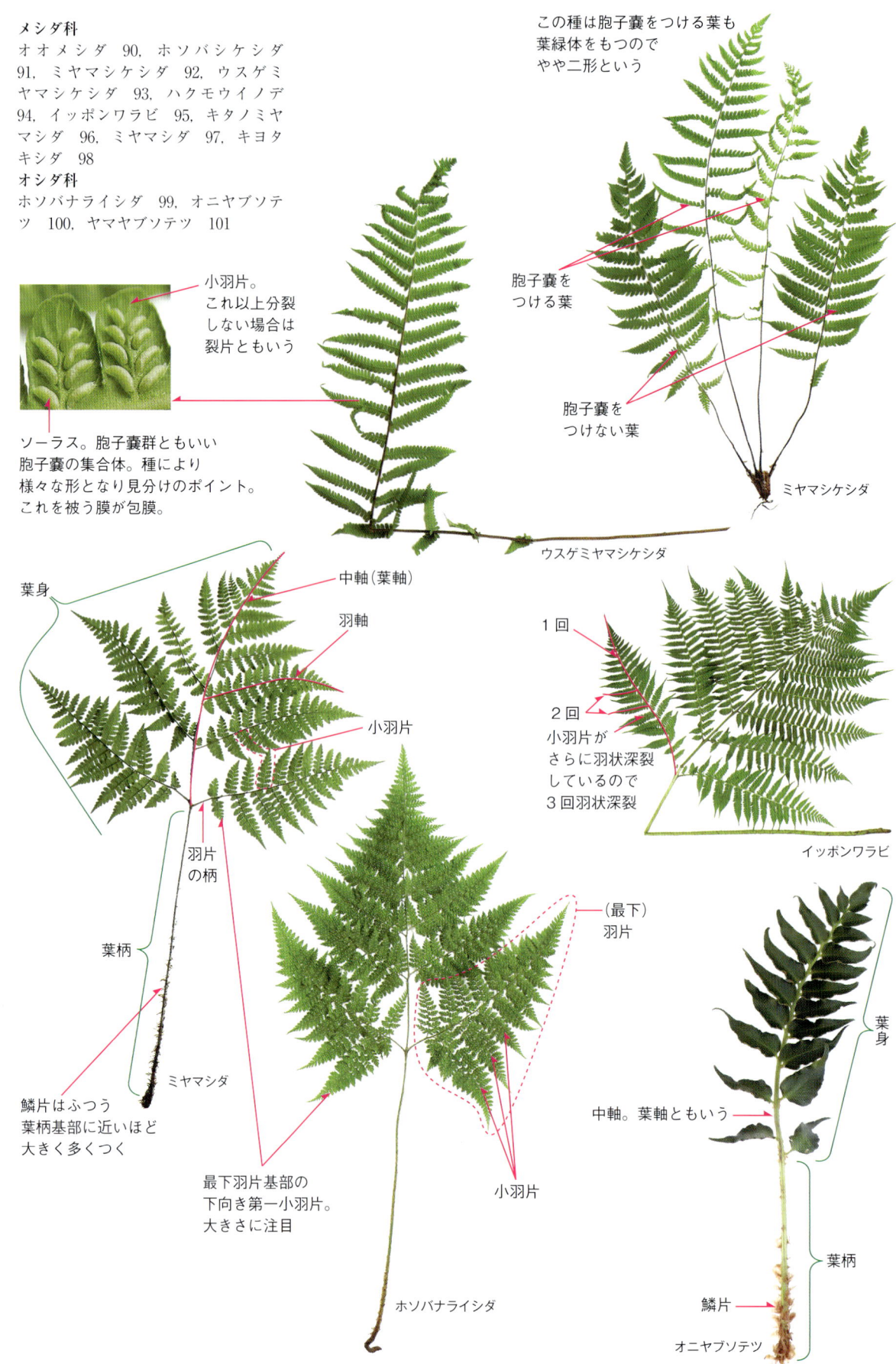

オシダ科
オシダ 102, カラフトメンマ 103, ミヤマベニシダ 104, タニヘゴ 105, クマワラビ 106, ミサキカグマ 107, ミヤマイタチシダ 108, イワイタチシダ 109, ニオイシダ 110, イワカゲワラビ 111, シラネワラビ 112, オクヤマシダ 113, シノブカグマ 114, リョウメンシダ 115, サカゲイノデ 116, イワシロイノデ 117, カラクサイノデ 118, ホソイノデ 119, ジュウモンジシダ 120, ツルデンダ 121

シノブ科
シノブ 122

ウラボシ科
ホテイシダ 123, ミヤマノキシノブ 124, ヒメノキシノブ 125, イワオモダカ 126, ビロードシダ 127, ヒメサジラン 127, カラクサシダ 128, オシャグジデンダ 129, エゾデンダ 130, オオエゾデンダ 131, ミツデウラボシ 132, ミヤマウラボシ 133

2回羽状深〜全裂の型 — オシダ

3回羽状深〜全裂の型。この小羽片は1回多く分裂するので分裂回数のカウントに含めない — シラネワラビ

胞子のつく羽片。このような形を部分的二形という

小羽片
中軸
中軸の鱗片

ソーラス。胞子嚢群ともいう胞子嚢の集まり。種により様々な形となり見分けのポイントとなる。これを被う膜が包膜で，ある種とない種がある

頂羽片
側羽片
ジュウモンジシダ
クマワラビ
ソーラス。包膜のないタイプ

葉柄
イワシロイノデ

ホソイノデ

鱗片。
種により形，色，つき方など様々で見分けのよいポイントとなる

シノブ
3回羽状深裂の型

葉身（単葉）
根茎
根
ミヤマノキシノブ

オシャグジデンダ
羽状深裂の型

ヒメスギラン *Huperzia miyoshiana*

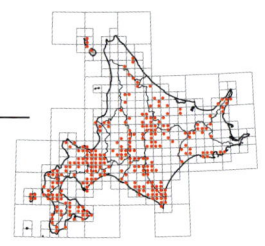

山地の日の当たらない斜面や岩場に生える小型で常緑のシダ。短く這う茎から直立し，2分枝する茎を何本も立ちあげる。枝の先端部に芽体（無性芽）をつける。葉は針状披針形で長さ5mm前後，質はやや硬く，基部から徐々に細くなり，鋭い先端となる。胞子嚢は上部の葉の基部に1個ずつつく。分布は北〜屋久島。

胞子嚢をつけた個体（右）とまだつけていない個体。9月14日に大雪山系・ニセイカウシュッペ山中腹で

コスギランの変種エゾノコスギランの葉。葉形の違いがよくわかる

ヒメスギランの葉。長さ5mmほどの針状に見えるが拡大すると平たいのがわかる

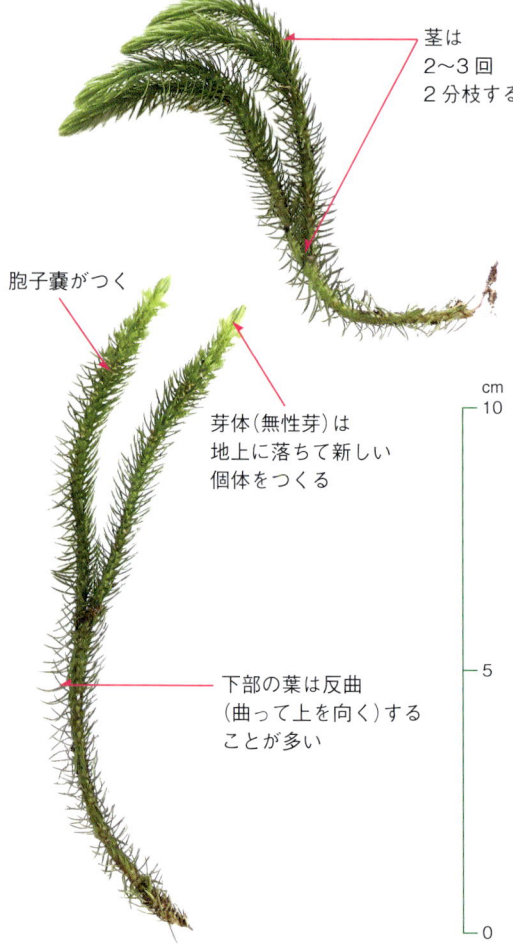

茎は2〜3回2分枝する

胞子嚢がつく

芽体（無性芽）は地上に落ちて新しい個体をつくる

下部の葉は反曲（曲って上を向く）することが多い

ヒメスギラン。6月6日に東大雪山系・然別湖で

ヒカゲノカズラ科コスギラン属

コスギラン *Huperzia selago*

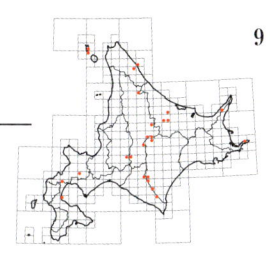

ツガザクラ類の葉

亜高山〜高山に生える常緑のシダ。**ヒメスギラン**によく似ているが生育地が限られ，見る機会はぐんと少ないようだ。葉は線状披針形で中央部付近まで両縁が平行し，それから徐々に細くなる。枝の先端部に芽体（無性芽）をつける。分布は北〜本（中部以北），屋久島。茎も葉（長さ5〜10mm）も大形になるものを変種**エゾノコスギラン** var. *patens* と分けることがあった。

黄色い胞子嚢が目立つ秋の状態。10月8日に日高山脈・ペテガリ岳上部で

ハイマツの下に生えていたエゾノコスギラン。9月7日に夕張岳で

芽体（無性芽）は地上に落ちて新しい個体をつくる

葉は開出する

茎は数回2分枝する

葉の色が黄色い個体。この後枯れるのではなく毎年この状態。7月31日に大雪山・北海岳で

コスギランの葉は線状披針形

ヒカゲノカズラ科コスギラン属

スギラン *Huperzia cryptomerina*

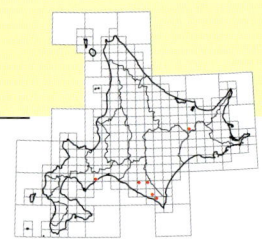

落葉広葉樹の幹に生えるやや珍しい常緑のシダで，茎は2分枝しながら生長する。古株になると上部が下に垂れる。葉は密生し，線状披針形〜狭披針形でやや革質，長さ1〜2cm。胞子嚢は枝先の葉腋に1個ずつつく。分布は北〜屋久島。著者は胆振〜日高地方の山地で数例見ている。

ミズナラの幹上でミヤマノキシノブに囲まれて生えたスギラン。右端に着生ラン，フガクスズムシソウが見える。7月20日に新日高町・静内川沿いの山奥で

葉の基部についたウインナソーセージのような胞子嚢。11月2日に白老町・ポロト湖の山奥で

葉は全縁

胞子嚢は葉の基部につき，このあたりの葉は小さめ

0   5 cm

枝の先が垂れ下がる古株。いったいどれほどの年月を経てこのような大株になるのだろうか。11月1日に白老町の山林で

ミズナラの幹に生えた成熟した個体。右下の葉はイワオモダカ。11月2日に白老町・ポロト湖の山奥で

ヒカゲノカズラ科コスギラン属

トウゲシバ(広義) *Huperzia serrata*

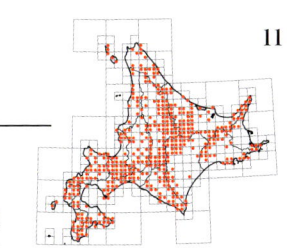

樹林下に生える常緑のシダ。地表を短く斜上する茎が2分枝して上に伸び，さらに2分枝していく。葉は薄く光沢と鋸歯がある。葉の形や大きさで基準変種が次の2品種に分けて呼ばれるが区別できない場合も。おおよそ葉の最大幅2mmが境目だろうか。**ホソバトウゲシバ** var. *serrata* はやや高地にマット状に生え，葉が下に垂れ気味となる。**ヒロハノトウゲシバ** var. *intermedia* はマット状とはならず，葉も垂れるような感じにはならない。道南のブナ林下では壮大な株が見られる。分布は北〜沖縄。

亜高山帯の針葉樹林下に小群生するホソバトウゲシバの型。9月20日に大雪山系・沼ノ原山中腹で

ブナ林下に生えるヒロハノトウゲシバの型。葉の色は濃い緑色。11月6日に江差町で

ヒロハノトウゲシバ(左)とホソバトウゲシバ(右)

黄色い胞子嚢が葉腋につく。葉にははっきりした鋸歯がある。9月7日に夕張岳で

亜高山帯に生えるホソバトウゲシバの型。下部につく葉は垂れ下がる。9月14日に大雪山系・ニセイカウシュッペ山中腹で

ヤチスギラン *Lycopodiella inundata*

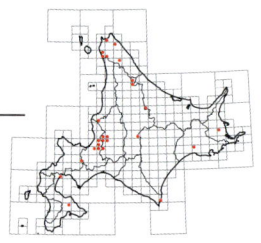

湿原に生える小形のシダ。地表を伸びる匍匐茎から高さ10 cm以下の直立茎を立ちあげる。葉は線形でふつう全縁，ときに小さな鋸歯がある。茎の先端に長さ2〜4 cmの胞子嚢穂がつく。冬を前にしてほとんどの部分が枯れ，匍匐茎の先端部だけが越冬する。分布は北〜本(近畿以北)。

匍匐茎が地表を伸び，直立茎を立てて，その先に胞子嚢穂ができつつある状態。8月28日に長万部町・静狩湿原で

春の状態。匍匐茎の先端部だけが緑色。6月1日に長万部町・静狩湿原で

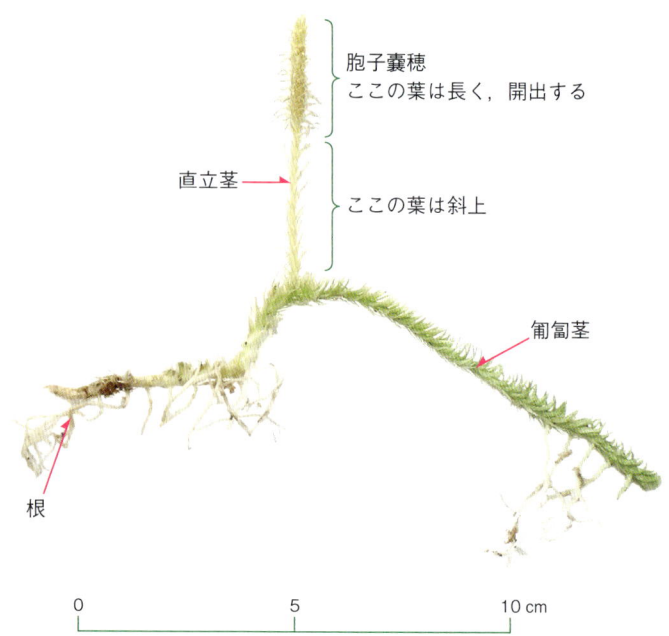

胞子を放出した後の状態。開出した胞子葉が目立つ。10月5日に長万部町・静狩湿原で

ヒカゲノカズラ科ヤチスギラン属

ミズスギ *Lycopodiella cernua*

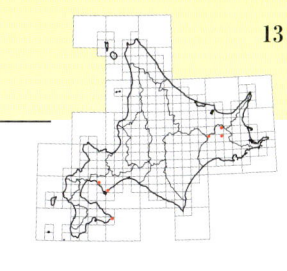

火山の噴気孔近くで匍匐茎を伸ばしていた。10月24日に弟子屈町・川湯硫黄山で

暖地性の常緑のシダで北海道では地熱の高い所にへばりつくように生える。茎は地表を這い、直立する茎を立て、暖地ではその高さが30 cm以上に伸びてクリスマスツリー形になるようだが北海道ではそのような姿は見られない。北海道では匍匐茎の先端部だけが越冬する。かつて有珠山にあったと聞くが、著者は道東の川湯硫黄山周辺と道南の恵山でしか見ていない。分布は北〜沖縄〜小笠原。

側枝

匍匐茎の葉は披針形で先は鋭くとがる

匍匐茎

0　　　1　　　2 cm

淡い緑色の胞子嚢穂をつけた株。10月24日に弟子屈町・川湯硫黄山で

貧弱な恵山の個体。5月29日に函館市・恵山で

ヒカゲノカズラ *Lycopodium clavatum*

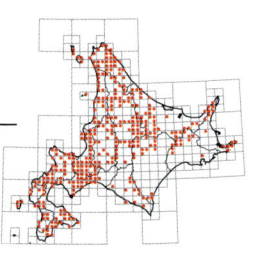

胞子嚢穂が薄茶色になった秋の状態。この個体はエゾヒカゲノカズラとしたいが，短い小梗がある穂も見える。9月15日に苫小牧市・樽前山で

胞子嚢穂に小梗があるヒカゲノカズラ。8月31日に夕張市・夕張岳中腹で

日当たりのよい野山に生える常緑のシダ。だからヒカゲは日蔭ではなく日影を指す。匍匐茎が2つに分枝しながら地表を長く這い，枝の一部が直立して先端部に胞子嚢穂をつける。密生する針状の葉は長さ5〜6mm。胞子嚢穂の柄（総梗）は直立して小さな葉が圧着している。胞子嚢穂は1〜数個つきふつう短い柄（小梗）があるが，ないものを変種**エゾヒカゲノカズラ** var. *clavatum* といい，高地に多い。なかには区別がつきにくい個体もある。分布は沖縄を除く日本全土。

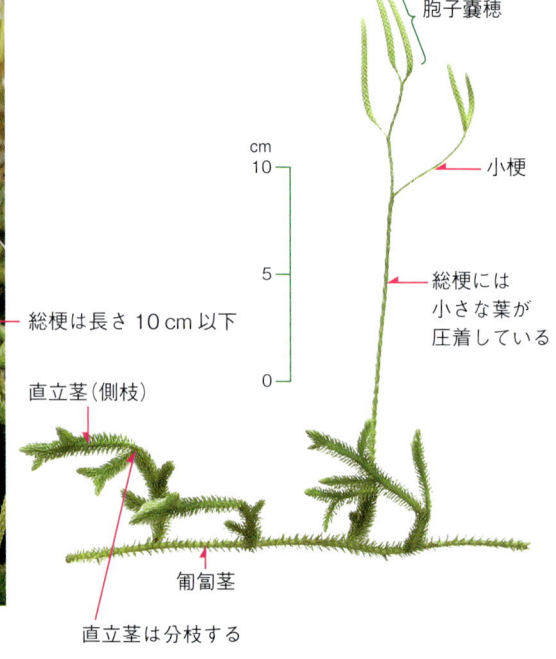

胞子嚢穂に小梗のないエゾヒカゲノカズラ。8月17日に岩内町・岩内岳で

ヒカゲノカズラ科ヒカゲノカズラ属

アスヒカズラ *Lycopodium complanatum*

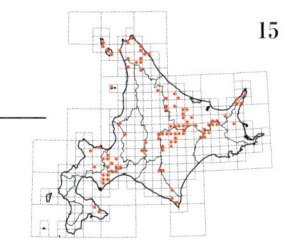

日当たりのよい野山や樹林下に生える常緑のシダ。地表を長く這う匍匐茎は円柱状で，鱗片状の葉をまばらにつける。立ちあがる茎は扇状に分枝して平たく，葉は先が刺状にとがった鱗片状で，左右2列，上下2列の計4列にびっしり並び，大部分が茎に圧着する。胞子嚢穂は1～数個つき，長さ3～10 cmの柄がある。分布は北～本(中部以北)～四にかけての所々。

胞子を飛ばした後の胞子嚢穂。8月28日に礼文島で

高山に特有な種ではないけれど，ミヤマビャクシンやコケモモなどの高山植物に囲まれて生えていた。7月6日に様似町・アポイ岳で

葉の先端は刺状にとがる

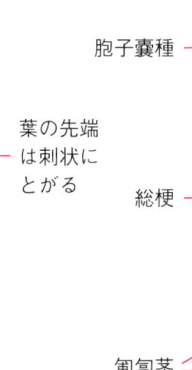

平たく見える枝。葉は先端部を除いて枝に圧着している

胞子嚢種
総梗
匍匐茎

10月20日に苫小牧市・樽前山で

ヒカゲノカズラ科ヒカゲノカズラ属

タカネヒカゲノカズラ *Lycopodium sitchense* var. *nikoense*

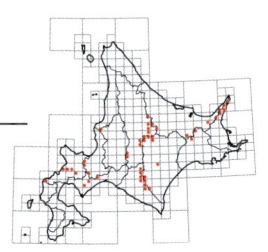

高山に生える常緑のシダで分布域は広く，割とふつうに見られる。分枝しながら地上を伸びる匍匐茎から側枝を立ちあげ，2分枝しながら高さが10 cm前後になる。側枝には針状～線状披針形のほぼ同形の葉が5列に並び，基部が茎に合着する。胞子嚢穂は枝先に1～2個つき，長さ3 cm以下。分布は北～本（岐阜以北），屋久島。

地衣類に囲まれて生える個体。胞子嚢穂は胞子を放出した後で茶色く枯れかかっている。点々と見える白い球はシラタマノキの果実。10月20日に苫小牧市・樽前山で

匍匐茎の基部の方に胞子嚢穂をつける側枝が，先端部の方には胞子嚢穂のつかない側枝がつく。開出気味の葉がびっしりつくので，側枝は太く見える。9月14日に大雪山系・ニセイカウシュッペ山で

葉の先端部は内側に曲がる

葉の基部のみが枝に圧着する

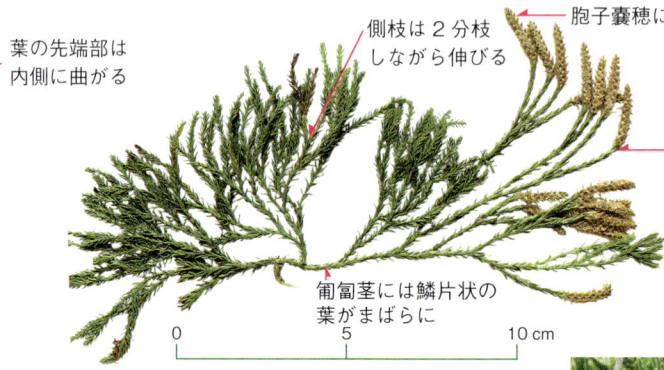

側枝は2分枝しながら伸びる

胞子嚢穂につく葉は広卵形

胞子嚢穂にはふつう柄がない

匍匐茎には鱗片状の葉がまばらに

上の写真と比べれば，葉はほとんど開出していないのがわかる。8月18日に羊蹄山9合目付近で

ミヤマヒカゲノカズラ（チシマヒカゲノカズラ）
Lycopodium alpinum

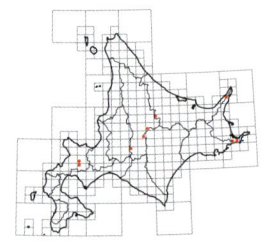

タカネヒカゲノカズラによく似た常緑のシダ。同じように高山帯に生える。枝には2形の葉が4列に並び，やや扁平な茎に圧着する部分が多い。道内では知床山系，トムラウシ山，夕張山系，羊蹄山など限られた山でしか見られない。分布は北～本（中部以北）。

ヒカゲノカズラ科ヒカゲノカズラ属

スギカズラ *Lycopodium annotinum*

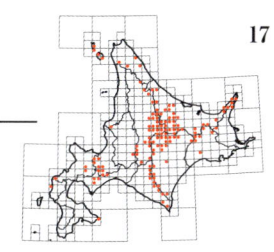

主に針葉樹林下に生える常緑のシダ。地表を長く匍匐する茎から枝を立ちあげ2分枝しながら伸びて高さが大きいもので20 cm近くになる。葉は輪生して線状披針形で全縁か微小な鋸歯がある。胞子嚢穂は枝先に1個つき，長さ1〜4.5 cm。葉が全縁で高山に生えるものを変種**タカネスギカズラ** var. *acrifolium* と分けて呼ぶことがある。分布は北〜本(中部以北)。

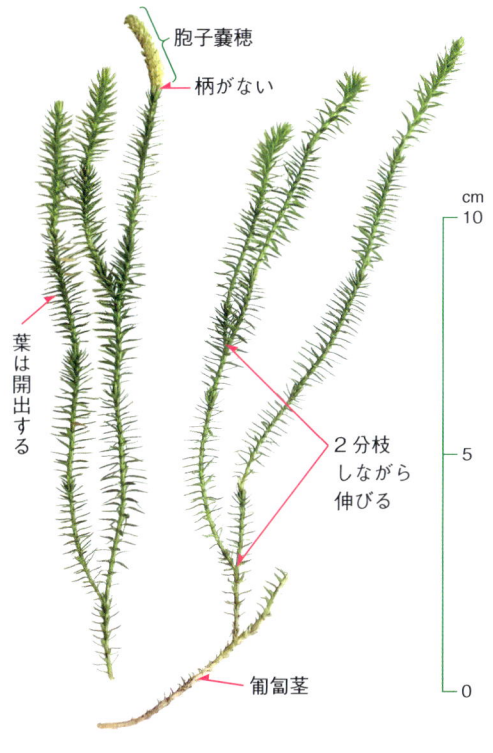

日の当たる林縁に生えていた個体。樹林下では枝は疎らに立ちあがる。9月21日に足寄町・クマネシリ山山麓で

葉は線状披針形。これはタカネスギカズラ

葉の違いは微妙。右2枚がタカネスギカズラ

高山に生えるタカネスギカズラ。大雪山系・ニセイカウシュッペ山で

ヒカゲノカズラ科ヒカゲノカズラ属

マンネンスギ *Lycopodium dendroideum*

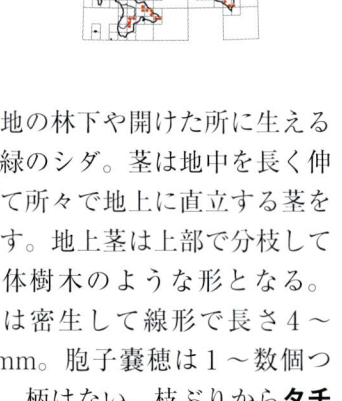

山地の林下や開けた所に生える常緑のシダ。茎は地中を長く伸びて所々で地上に直立する茎を出す。地上茎は上部で分枝して全体樹木のような形となる。葉は密生して線形で長さ4〜5mm。胞子嚢穂は1〜数個つき，柄はない。枝ぶりから**タチマンネンスギ**や**ウチワマンネンスギ**と呼ばれる型がある。分布は沖縄を除く日本全土。

樽前山で見られる群生。これだけまとまると顕花植物のように華やか。10月20日。白い球形のものはシラタマノキの果実

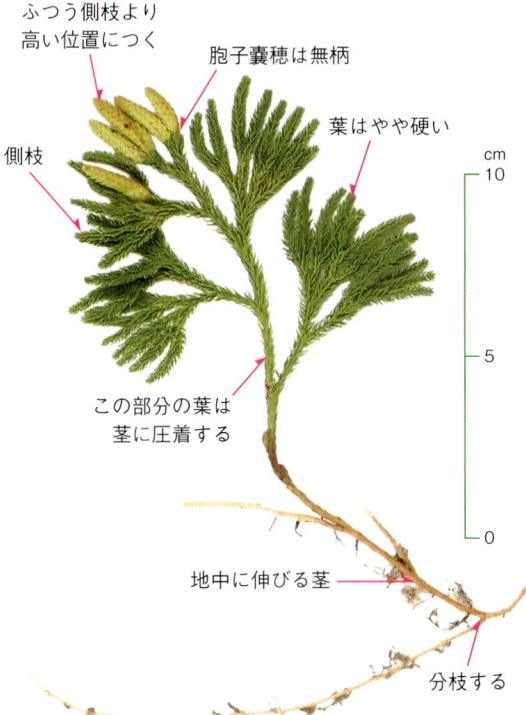

胞子嚢穂は長さ2〜5cm ふつう側枝より高い位置につく
胞子嚢穂は無柄
側枝
葉はやや硬い
この部分の葉は茎に圧着する
地中に伸びる茎
分枝する

胞子嚢穂をたくさんつけた欲張り型。8月12日に苫小牧市・樽前山で

樹林下では枝が水平に伸びる傾向があるようだ。この型をウチワマンネンスギ？ 8月29日に利尻島で

スラリと伸びたスリム型。これをタチマンネンスギというのだろうか。9月15日に苫小牧市・樽前山で

ミズニラ科ミズニラ属　　　　　　　　　　　　　19

ヒメミズニラ（エゾミズニラ）　*Isoetes asiatica*

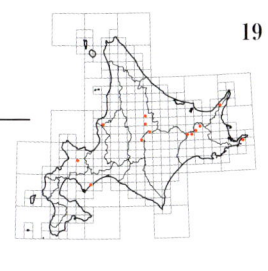

沼の底に生え，小群生をつくっていた。7月25日に大雪山系・沼ノ原で。葉に藻などが付着してすっきり見えることはまれだ

主に山地〜高山の湖沼の底に生える夏緑性のシダ。2つに分かれた塊茎から株状に何枚もの葉を出す。葉の長さは5〜15cm，先端に向けて細くなってとがり，葉脈は1本ある。葉の基部は膨らんだ鞘状の胞子嚢となり，なかに粉状の小胞子と直径0.3mmほどで表面に針状突起がある大胞子が多数ある。大胞子は肉眼でも認められる。分布は北〜本（中部以北）。より大型の**ミズニラ** *I. japonica* が北海道にあるとされるが著者はまだ見ていない。

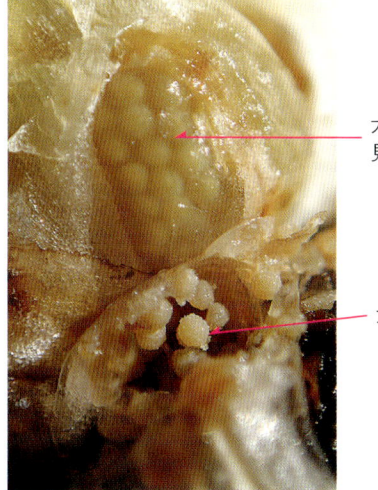

大胞子が透けて見える

大胞子

葉の基部の膜をはがすと大胞子が見える

これがヒメミズニラ

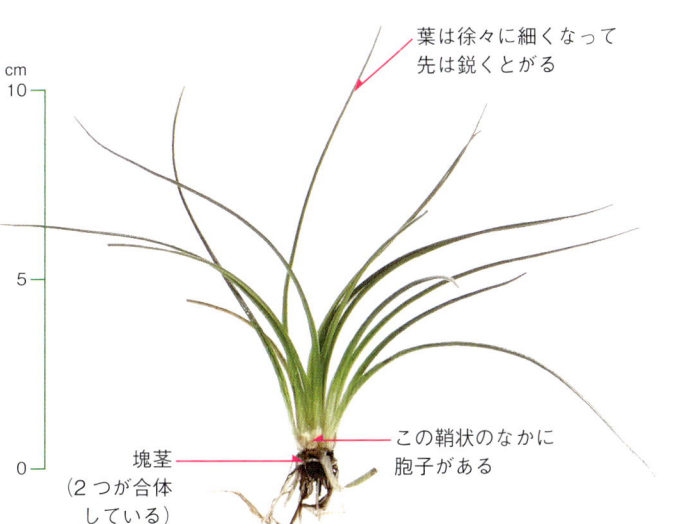

葉は徐々に細くなって先は鋭くとがる

塊茎（2つが合体している）

この鞘状のなかに胞子がある

水が引いて陸生状となった個体。葉の様子がよく見え，ニラとはだいぶ違うことがわかる。7月23日に苫小牧市で

エゾノヒメクラマゴケ *Selaginella helvetica*

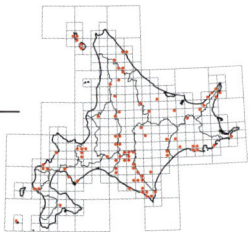

低地〜高地の岩場や草地に生える常緑のシダ。葉や茎は軟らかい草質。地表を這う茎は分枝しながら枝を出し，ときに絡み合ってマット状になる。茎の幅は葉を含めて2〜3mm。葉は大小二形ある。枝の上部は胞子嚢穂となる。分布は北〜本（鳥取以東）。

山地岩場（石灰岩）の割れ目に沿って生える姿。6月26日に夕張山系・崕山で

胞子嚢穂のアップ

6月8日礼文島で

若い胞子嚢穂　中央に小さな葉，両側に大きな葉が見える

海岸近くの岩場に生えていた。たくさんの胞子嚢穂を立ちあげている。7月29日に松前町で

イワヒバ科イワヒバ属

コケスギラン *Selaginella selaginoides*

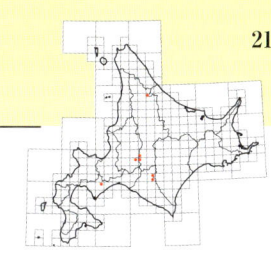

亜高山〜高山の草地，ときに岩場に生える常緑のシダ。地表を這う短い茎から枝を立ちあげる。枝は分枝せず，上部が胞子嚢穂となる。葉は軟らかく，広披針形で先がとがり，縁に毛状突起がある。分布は北〜本（中部以北）。

蛇紋岩の礫地に高山植物と共に生える姿。8月7日に夕張岳で。右・中央の大きな葉はムシトリスミレ

胞子を放出した後の姿。8月24日に夕張岳で

日高山脈ではカンラン岩の礫地に生えていた。8月30日に戸蔦別岳で

胞子嚢穂のアップ

イワヒバ科イワヒバ属

ヒモカズラ *Selaginella shakotanensis*

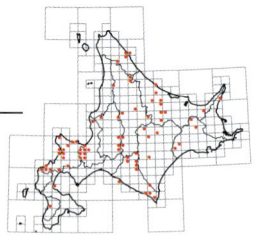

山地の岩場に生える常緑のシダ。匍匐する短い茎が分枝しながら枝を出すのでときに絡み合ってマット状となる。茎は圧着した葉と共に径1mmほどのヒモ状。枝の上部が四角柱状の胞子嚢穂となり、茎につく葉と胞子葉は同形。分布は北～本(関西以東)。

岩場にヒモカズラとエゾノヒモカズラが混生していた。7月29日に東大雪山系・西クマネシリ岳で

岩上を這うように生えるヒモカズラ。9月21日に札幌市・八剣山で

ヒモ状の茎

ヒモカズラの胞子嚢穂

エゾノヒモカズラ *Selaginella sibirica*

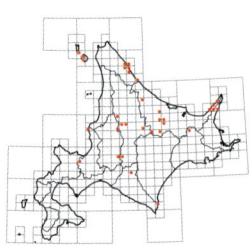

ヒモカズラによく似た常緑のシダ。茎は葉と共に径1.2～2mmになり、胞子葉は茎葉に比べて幅が広い。分布は北海道のみ。

胞子嚢穂

胞子嚢穂を立ちあげたエゾノヒモカズラ。8月23日に西興部村・ウエンシリ岳で

イワヒバ科イワヒバ属

イワヒバ *Selaginella tamariscina*

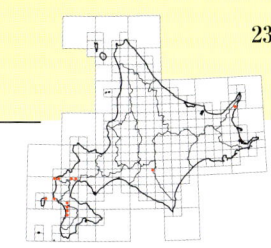

岩上に生える常緑性で質の硬いシダ。放射状に伸びた枝は2～3回羽状に分枝し，葉を含めた幅は2～3mm，表面は暗緑色だが裏面は淡緑色，乾燥すると内側に巻き，湿ると開く。枝の先が四角柱状の胞子嚢穂となる。江戸時代から観葉シダとして栽培され，各地で盗掘され続けているようだ。分布は北(西南部)～沖縄，東アジア～東南アジア。

春，新しい葉が伸びつつある姿。葉の色はまだ明るい。5月23日に江差町で

胞子嚢穂がわずかに見えた

秋の姿。葉の色は暗緑色。10月4日に八雲町・小鉾岳で

越冬する葉が丸まった姿。10月31日に江差町で

ハナヤスリ科ハナヤスリ属

ヒロハハナヤスリ（ハルハナヤスリ） *Ophioglossum vulgatum*

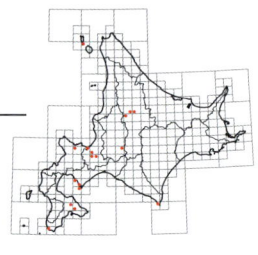

胞子嚢穂。8月5日に札幌市・砥石山で

春緑性の小形のシダで野山にややまとまって生えることが多い。別名のごとく春に芽生え，盛夏のころ地上部が枯れてしまう。栄養葉は草質で軟かく，広披針形〜広卵形で基部は鞘状となって胞子葉の柄を包む。分布は北〜九。

まとまって生えた状態。7月14日に札幌市・砥石山で

可愛い芽生えどき。6月4日に札幌市・砥石山で

かなり生長したが，胞子はまだ熟していない。6月7日に札幌市・藻岩山で

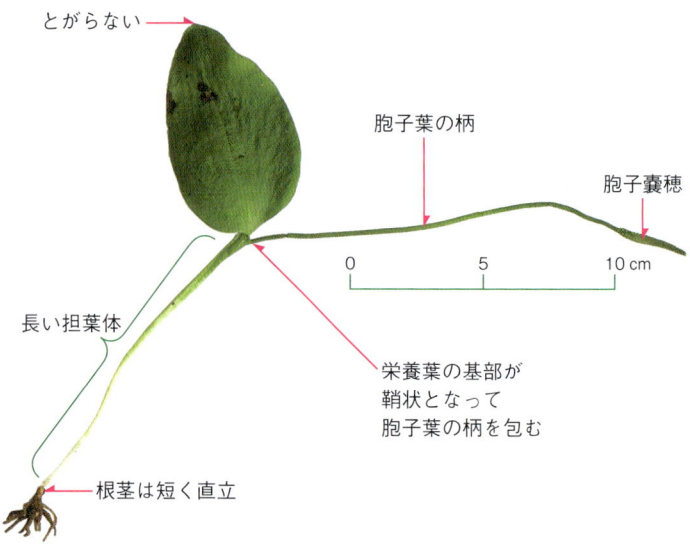

ハナヤスリ科ハナヤスリ属

ハマハナヤスリ *Ophioglossum thermale* var. *thermale*

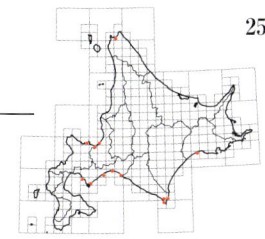

海岸の砂地や草地，ときに内陸の原野や裸地に生える小形の夏緑性シダ。栄養葉はやや厚く，広線形のものが多く，基部は徐々に狭くなって胞子葉の柄と合体して柄がないように見える。分布は北〜沖縄。

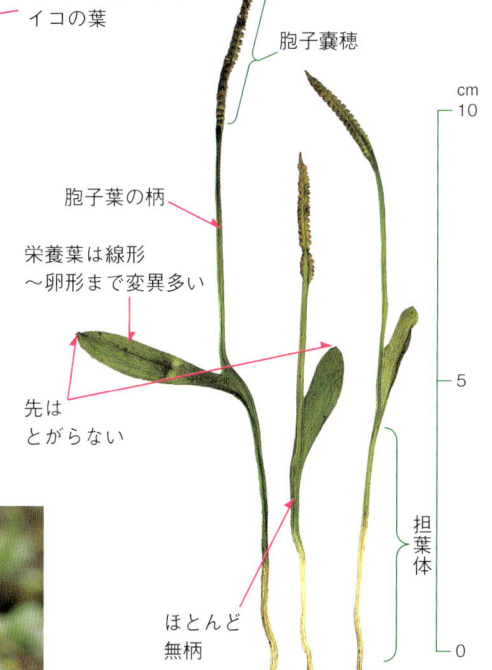

ヒロハノカワラサイコの葉

胞子嚢穂

胞子葉の柄

栄養葉は線形〜卵形まで変異多い

先はとがらない

ほとんど無柄

担葉体

海岸近くの草地に何個体も生えていた。9月14日に白糠町で

海岸の砂地に生える個体。栄養葉は長卵形。8月1日に小樽市で

地熱の高い裸地に点々と生えていたが，変種コハナヤスリかもしれない。6月19日に弟子屈町・ポンポン山で

胞子嚢穂

ヒメハナワラビ（ヘビノシタ） *Botrychium lunaria*

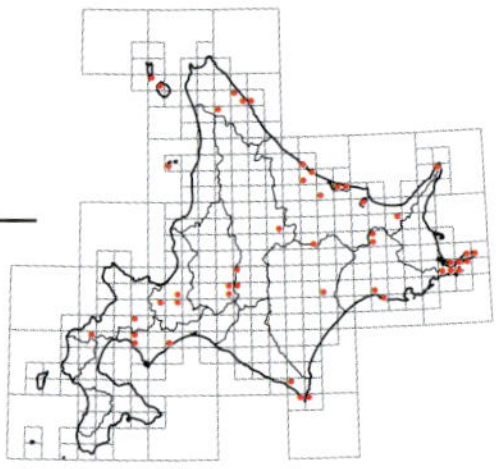

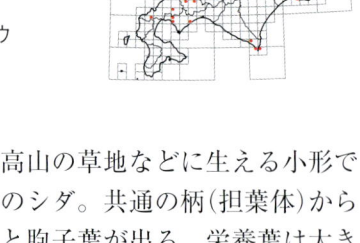

イワギキョウ

海岸〜高山の草地などに生える小形で夏緑性のシダ。共通の柄（担葉体）から栄養葉と胞子葉が出る。栄養葉は大きいもので長さ8cmほどで質は厚く，短い柄がある。羽片は長さ15mmほどの扇形。分布は北〜本（鳥取以東）。

胞子が熟したころ。7月19日に利尻山で

標高2000m近く，高山植物に混じって生えていた個体。7月24日に大雪山・黒岳で

コケモモの葉
胞子葉
栄養葉
羽片
担葉体

芽生え間もない状態。まだ栄養葉は十分開いていない。5月9日に足寄町で

樹林下に生えていた個体。少しひょろひょろとした感じだ。6月17日に置戸町で

ハナヤスリ科ハナワラビ属

フユノハナワラビ *Botrychium ternatum* var. *ternatum*

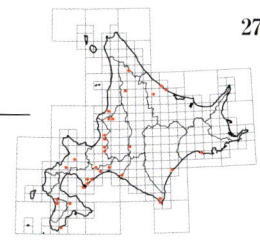

日の当たる山地や草地、ときに疎林下に生える小形で冬緑性のシダ。栄養葉はやや厚い草質で無毛、葉身は三角形〜五角形状で3〜4回羽状深裂。表面は淡い濃緑色だが晩秋に赤みをおびることもある。羽片や小羽片の先は鋭くとがらず、裂片の縁に不規則な切れ込みが入ることが多いようだ。分布は北〜九。

疎林下に生えていた株。10月16日に福島町で

栄養葉が五角形状の型(栄養葉の先端部が欠けている)。10月13日に福島町で

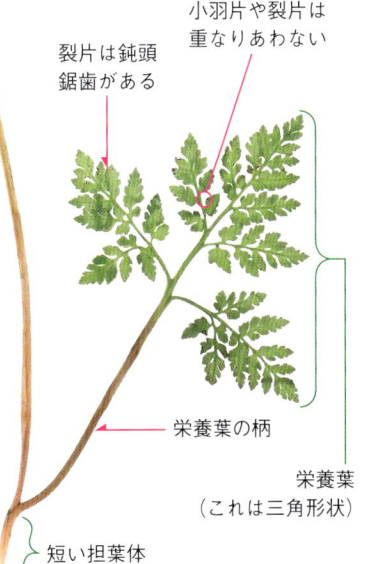

胞子嚢穂(胞子葉)

長い胞子葉の柄

裂片は鈍頭鋸歯がある

小羽片や裂片は重なりあわない

栄養葉の柄

栄養葉(これは三角形状)

短い担葉体

日当たりのよい草地に生える型。葉の表面が日焼けして赤味をおびている。10月25日に上ノ国町で

小羽片と裂片のアップ

エゾフユノハナワラビ　*Botrychium multifidum* var. *robustum*

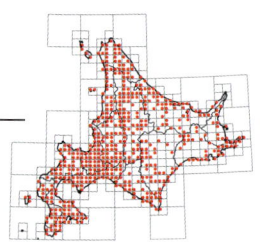

林道跡地の法面に群れ生えていた。10月8日に浦臼町・浦臼山で。これは林下に生える型

葉裏や中軸，羽軸に白い長毛が目立つ

芽生えの姿。7月24日に札幌市・砥石山で

山地林下や草地に生える変異の多い冬緑性のシダ。この属としては大型の個体が多い。栄養葉は厚く革質で3回羽状深裂，裂片は重なることが多い。葉柄や葉の裏に白色の長毛が多い。裂片の表面は光沢があり，ふつう辺縁は裏側に巻き込む。栄養葉は林下では地表から離れて，向陽の地では接するように展開する傾向がある。分布は北～本(中部以北，関西や四国にも知られる)。

日当たりのよい所に生える型。9月6日に室蘭市・室蘭岳山麓で。栄養葉は地表すれすれに広がる

冬でも栄養葉は緑色を保つ。10月24日に札幌市・砥石山で

ハナヤスリ科ハナワラビ属

ヤマハナワラビ *Botrychium multifidum* var. *multifidum*

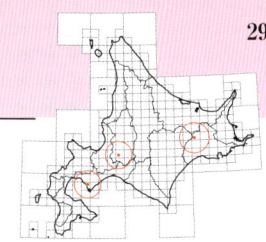

エゾフユノハナワラビの基準変種で，山地の日当たりのよい草地などにまれに生える，この属としては小形のシダ。**エゾフユ**との区別は極めて難しく，強いて区別点を挙げれば，①より小形である，②栄養葉の小羽片や裂片の先が円〜鈍頭，③裏面に毛が少ない，④表面が浅い皿状に反るなどである。この属に詳しい佐橋紀男先生に写真を見ていただいたところ，本種と呼べるのは左の1点のみで，**エゾフユ**との雑種と推定されるものが多かった。分布は北〜本(中部以北)。

日当りのよい草地に生えていた。
9月3日に釧路市・阿寒湖スキー場で

林縁に生えていたエゾフユとの雑種と推定される越冬した個体。4月28日に福島町で

送電線下に生えていたエゾフユとの雑種と推定される個体。9月6日に様似町・幌満で

栄養葉の裏面。ほとんど無毛

本種に近いとされる個体。右の株は草刈りで胞子葉が切られている。9月6日に室蘭市・室蘭岳山麓で

ハナヤスリ科ハナワラビ属

イブリハナワラビ *Botrychium microphyllum*

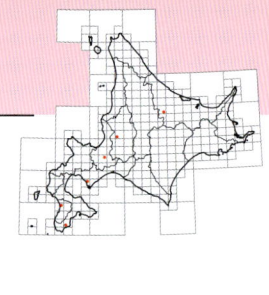

ふつう日の当たる草地，ときに林縁に生える冬緑性でこの属の中では小形のシダ。栄養葉も胞子葉も長い柄をもつ。栄養葉は三角形状でやや硬い草質，ふつう2回羽状複葉，羽片と小羽片，裂片の先が鋭くとがるのが特徴。裂片は縁に鋭く細かい鋸歯があり，重なり合うことが多い。分布は北（北見，空知，石狩，胆振，渡島）〜本（青森）。今のところ超希少種だが，この種がしっかり認識されれば産地の報告が増えると思う。

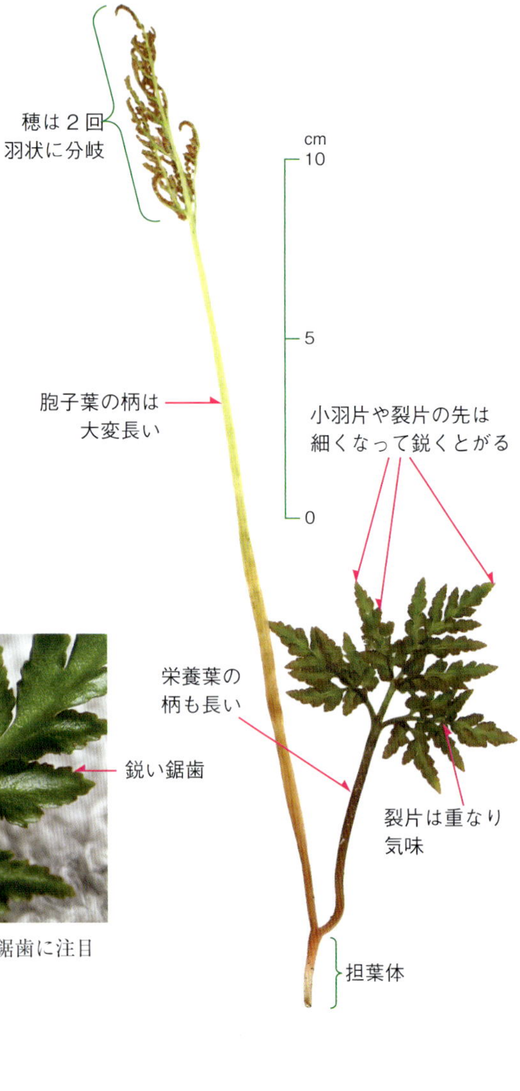

林と林の間，割と日の当たる所に生えていた。9月30日に札幌市・清田区真栄で

紅葉あるいは日焼けか，栄養葉が赤みをおびることもあるようだ。10月23日に室蘭市・室蘭岳山麓で

胞子葉の柄

ほとんど無毛

鋭い鋸歯

栄養葉の部分アップ。鋸歯に注目

穂は2回羽状に分岐

胞子葉の柄は大変長い

小羽片や裂片の先は細くなって鋭くとがる

栄養葉の柄も長い

裂片は重なり気味

担葉体

ハナヤスリ科ハナワラビ属

アカハナワラビ *Botrychium nipponicum* var. *nipponicum*

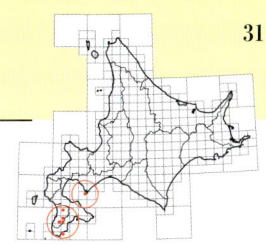

ふつう明るい林下，ときに草地に生える冬緑性のシダ。栄養葉は三角形状で羽片と小羽片の先は鋭くとがり，縁が鋭い鋸歯となる点で**イブリハナワラビ**に似るが，尖り方がゆるく葉は草質で白っぽい緑色，裂片はほとんど重なることがないことなどで区別できる。晩秋にあずき色状に変色して越冬し，ふつう春には緑色に戻るようだ。分布は北(西南部)～九。

疎林下に生えていた株。10月13日に福島町で

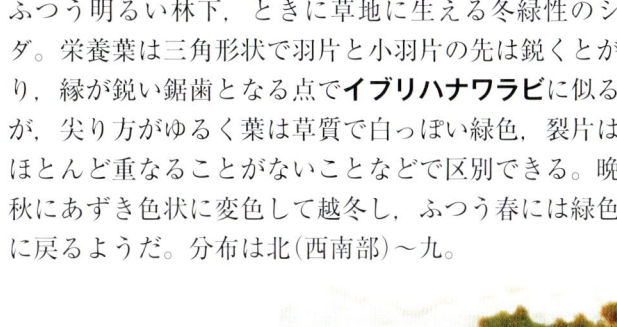

葉の縁が細かく鋭い鋸歯

鋭い鋸歯縁

小羽片の先がとがらなくても葉は草質で薄い

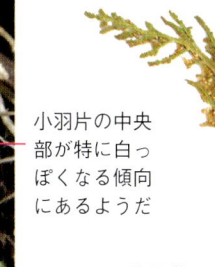

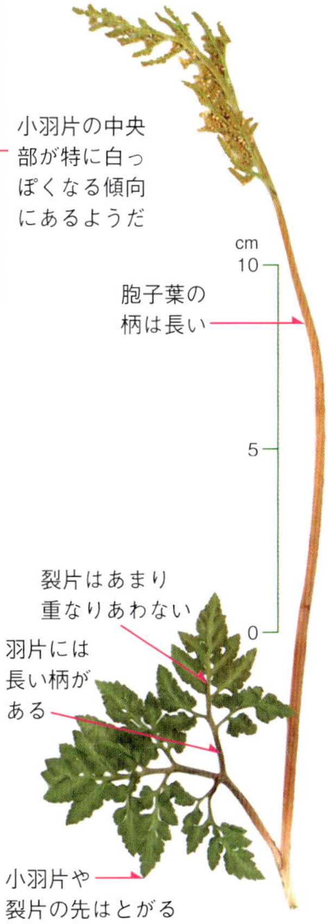

小羽片の中央部が特に白っぽくなる傾向にあるようだ

胞子葉の柄は長い

裂片はあまり重なりあわない

羽片には長い柄がある

小羽片や裂片の先はとがる

日当りのよい草地に生える秋の株。10月16日に福島町で

見事に紅葉した葉。10月23日に室蘭市・室蘭岳山麓で

ハナヤスリ科ハナワラビ属

ナツノハナワラビ *Botrychium virginianum*

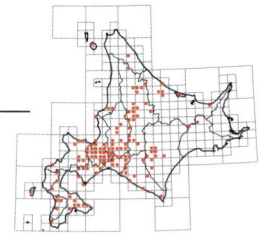

樹林下に生える夏緑性のシダ。葉は軟らかく最初は3出状に分かれるが，中央のものが大きい。各羽片は3回羽状深裂，小羽片に柄がある。裂片の先は鋭くとがる。胞子葉は葉身の基部から直立し，3〜4回羽状に分岐して円錐花序のような形となる。分布は北〜九。

胞子嚢穂の羽片。7月3日に札幌市・有明で

木陰に生えていた大きな個体。高さが約50 cmあった。6月19日に札幌市・藻岩山で

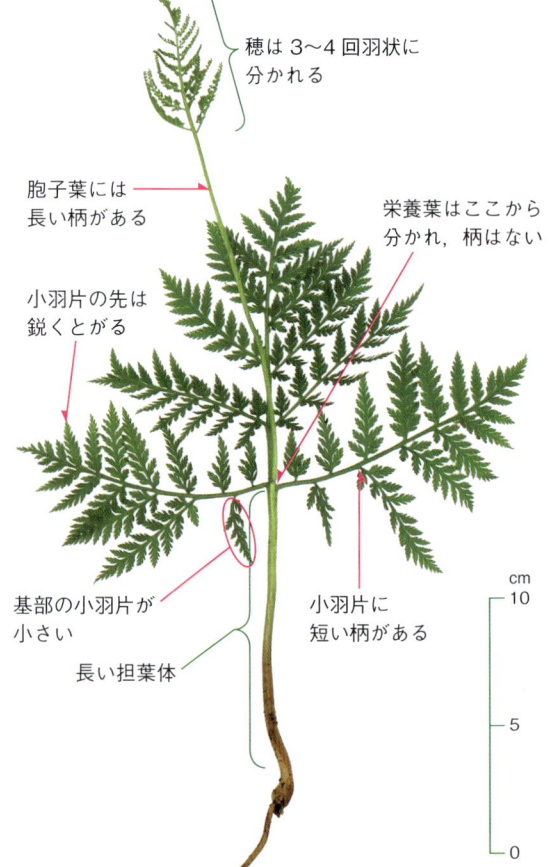

穂は3〜4回羽状に分かれる

胞子葉には長い柄がある

栄養葉はここから分かれ，柄はない

小羽片の先は鋭くとがる

基部の小羽片が小さい

小羽片に短い柄がある

長い担葉体

まだ栄養葉が開いていない若い個体。5月27日に札幌市・有明で

ナガホノナツノハナワラビ *Botrychium strictum*

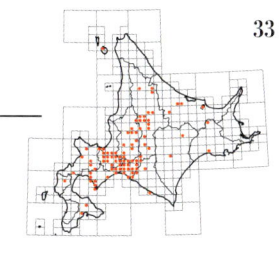

山地の林内に生える夏緑性のシダ。**ナツノハナワラビ**に似るが、小羽片に柄がなく、裂片の先はとがらない。胞子葉は2回羽状に分岐するだけなので、穂状花序のような形となる。分布は北〜九。

初夏のナガホノナツノハナワラビ(左)とナツノハナワラビ(右)。胞子嚢穂を見るとナツノハナワラビが熟すのが早いことがわかる。6月27日に札幌市・有明で

胞子が熟したころの状態。9月19日に札幌市・定山渓で

芽生えの姿。5月27日に札幌市・有明で

胞子嚢穂の羽片。8月15日に札幌市・有明で

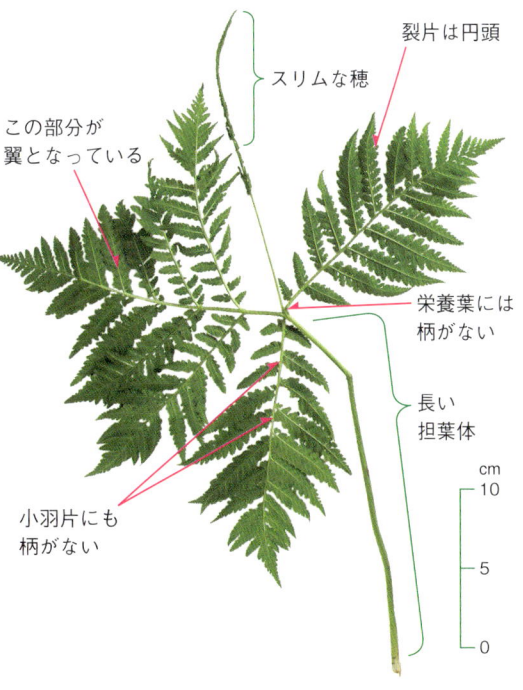

スリムな穂
裂片は円頭
この部分が翼となっている
栄養葉には柄がない
長い担葉体
小羽片にも柄がない

トクサ *Equisetum hyemale* var. *hyemale*

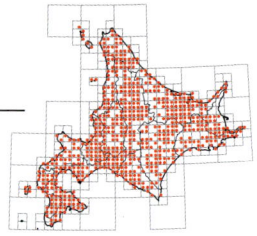

山地の谷筋など湿った所に生える常緑のシダ。地中に伸びる地下茎から多数の茎を出して群生する。茎は高さ1m以下，硬く14〜50本の隆条があり，その上に細かい突起が無数にありざらつく。枝を出す型は変種エダウチトクサという。茎の先端に柄のない胞子嚢穂がつく。和名は砥草で，ざらつく茎でものを磨くことができるから。分布は北〜本(中部以北)。

ときに谷を埋め尽くすように群生する。11月2日に札幌市・有明で

胞子嚢穂にはツクシと違って柄がない

茎の断面は中空

春，前年に伸びた茎の先に胞子嚢穂をつける。4月26日に江差町で

新しい茎が伸びてきた。6月13日に恵庭市・恵庭公園で

初冬には翌年の胞子嚢穂ができている。11月2日に札幌市・有明で

トクサ科トクサ属　　　　　　　　　　　　　　　　35

ヒメドクサ　*Equisetum scirpoides*

山地の湿った斜面や水辺に生える軟弱な常緑のシダ。茎は高さ（長さ）20 cm前後，直径0.5〜1 mm，髄腔（茎の中空の部分）がなく葉鞘の歯片は3〜4個。茎の先端に柄のない胞子嚢穂がつく。茎が匍匐するタイプと直立するタイプの違いなど，扱いは今後の検討を待ちたい。分布は北海道のみ。

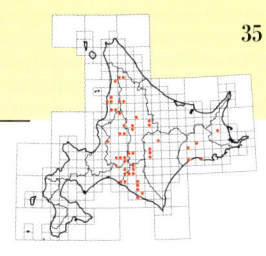

茎が曲がって這うように伸びるタイプ。6月25日に釧路市・阿寒町撤別で。画面右上にエゾノヒメクラマゴケ(P.20)が見える

茎が直立するタイプ。6月13日に平取町・沙流川岸で

柄のある胞子嚢穂

茎には上に小突起が乗る隆条が走る

チシマヒメドクサ　*Equisetum variegatum*

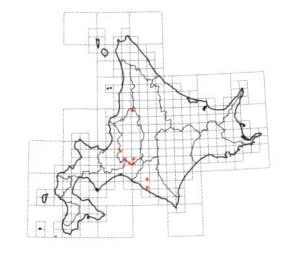

河の畔に生える**ヒメドクサ**によく似た常緑のシダ。茎は直立して高さ10〜30 cm，直径は1〜3 mmで髄腔がある。葉鞘の歯片は6〜8個。分布は北海道のみ。

胞子嚢穂をつけた個体群。5月6日に夕張市・夕張川岸で

若い胞子嚢穂

歯片

茎のアップ。葉鞘の歯片は6〜8個ある

ミズドクサ（ミズスギナ）　*Equisetum fluviatile*

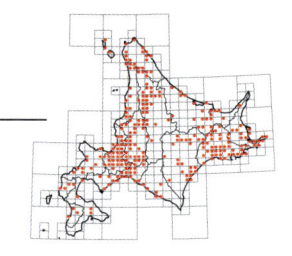

湿地や水中に生える夏緑性のシダ。地中に伸びる茎から地上茎を多数出して群生することが多い。茎は高さが50～80cmになり、直径は5～6mm、表面に12～24本の隆条が走り、ほとんどなめらか。断面はほぼ中空で節から枝を出すものと出さないものなど様々。茎の先端に柄のある胞子嚢穂がつく。秋には枯れる。**イヌスギナ**とよく似ている。分布は北～本(中部以北)。

水中に群生する姿。これは枝を出さないタイプのようだ。7月21日に増毛山系・雨竜沼で

5～6mm
茎の断面は中空

胞子嚢穂をつける茎とつけない茎は同形

枝はないものから短いもの、長いものと様々

茎の表面はすべすべしている

根茎

まだ枝が伸び切らない若い個体

節から枝を伸ばしつつある状態。6月1日に札幌市・西岡で

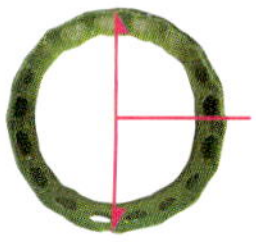

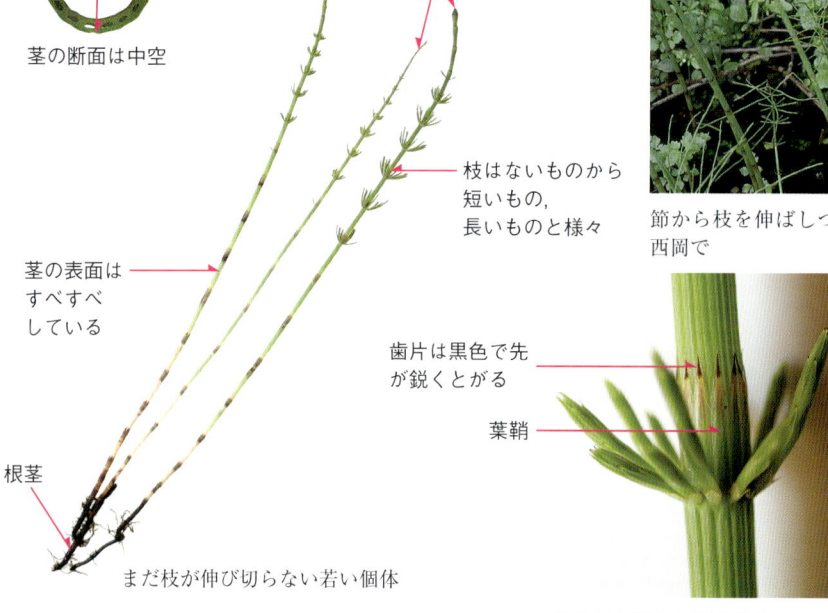

歯片は黒色で先が鋭くとがる
葉鞘

節を包む鞘と上端の歯片

柄のある胞子嚢穂

トクサ科トクサ属

イヌスギナ *Equisetum palustre*

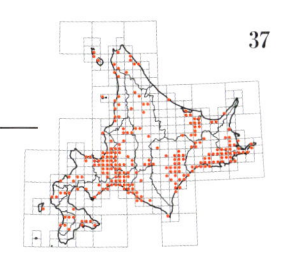

向陽の湿地などに生える夏緑性のシダ。地中に伸びる長い根茎から地上に茎を出す。茎は大きいもので高さ50cmほどになり，節に枝を輪生する。茎の先端に柄のある胞子嚢穂をつけるがつけない茎も多い。**ミズドクサ**に似るが茎には5～10本の隆条が走る。分布は北～本(関東以北)。

畑の側溝に群生する姿。6月4日に新ひだか町・富川で

茎の断面は中空でない

歯片

葉鞘の長さは枝の最下の節間より長い

茎の節部。枝と鞘の関係に注目

胞子嚢穂をつける茎とつけない茎はほぼ同形

枝は上を向いて伸びる

根茎

まだ胞子を放出していない若い個体

枝の伸長盛んな栄養茎

栄養茎の頂部についた胞子嚢穂

スギナ *Equisetum arvense* f. *arvense*

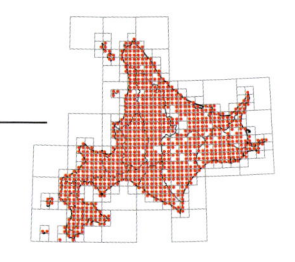

低地から山地の空き地や畑地，道端などにふつうに生える夏緑性のシダ。根茎は地中に長く伸び，地上に二形の茎を出す。栄養茎は大きいもので高さ40 cmほどになり，縦にほとんど滑らかな隆条が走り，節に小枝を輪生する。ツクシ（土筆）とも呼ばれる胞子茎の先端に胞子嚢穂がつく。ときに栄養茎に胞子嚢穂がつくものを**ミモチスギナ**と呼ぶことがあり，下部の大きな枝が3隆条のものを**オクエゾスギナ** f. *boreale* という。胞子茎は山菜として利用されるが，畑の厄介な雑草。分布：北〜トカラ列島

胞子茎（ツクシ）は胞子を放出して枯れて栄養茎が伸びてきた。5月12日に奥尻島で

胞子茎（ツクシ）が生長し，栄養茎が地上に現れた。5月19日に札幌市・砥石山で

胞子嚢穂
俗称ハカマ　食用にするときはこれを除く
栄養茎は胞子茎より遅れて伸びる
胞子茎
葉鞘　葉鞘は枝最下の節より短い
長く伸びる根茎

枝最下の節間
歯片

茎の節の部分

栄養茎の先端に胞子嚢穂をつけたミモチスギナ

トクサ科トクサ属

ヤチスギナ *Equisetum pretense*

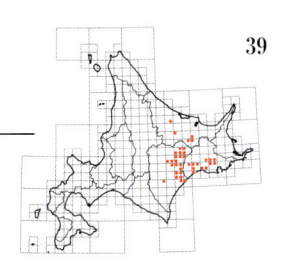

トクサ

山地の湿った樹林下などに生えるやや軟弱な夏緑性のシダ。地下茎が伸びてまとまって二形の茎が生える。栄養茎は緑色で高さ30cm前後，6〜18本の隆条があり，その上に細かい刺がある。節に枝が輪生する。胞子茎は最初はツクシ型で，胞子を放出した後はさらに伸びて栄養茎と似た姿となる。分布は北(東部)〜本(岩手)。

枝が曲線を描いて伸び，どこか涼しげな姿。6月26日に足寄町・上足寄で

胞子嚢穂。5月9日に足寄町・上足寄で

胞子を放出した後，茎から枝を出す

栄養茎
胞子を放出した胞子嚢穂
これは胞子茎

歯片の縁はわずかに白い膜
歯片の縁は顕著な白い膜

節部の比較。スギナ(左)とヤチスギナ(右)

ヤチスギナ　スギナ

根茎

栄養茎の芽生え。5月25日に陸別町で

混生地では違いがよくわかる。ヤチスギナ(左)とスギナ(右)。6月8日に足寄町・上足寄で

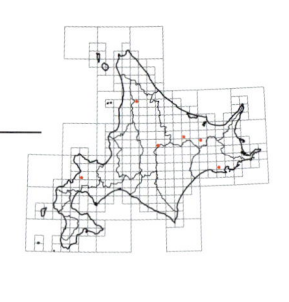

フサスギナ(エゾスギナ) *Equisetum sylvaticum*

山地の湿地に生えるやや軟弱で有毛な夏緑性のシダ。地中を伸びる地下茎から二形の茎を立て，栄養茎は高さ40cm前後になる。胞子茎は芽生えどきツクシ型だが伸びるに従い栄養葉のように枝を輪生していく。茎に細かい刺が乗る8〜18本の隆条がある。多数輪生する枝はよく分枝して美しい。分布は北海道のみ（ニセコ山系，トムラウシ山など）。

笹原の刈り分け道沿いで見られる。7月28日にニセコ山系・大谷地で

スギナ(右)と節の部分の違い。茎に毛があり，枝は分枝する

胞子茎

栄養茎

雪解け後の芽生えの状態。胞子茎と栄養茎があり，胞子茎からも枝を出している。6月20日にニセコ山系・大谷地で

上から覗くと分枝を繰り返す枝が美しい。7月28日にニセコ山系・大谷地で

胞子を放出した胞子囊穂

これは栄養茎

よく分枝する枝を輪生する

ゼンマイ科ヤマドリゼンマイ属

ヤマドリゼンマイ　*Osmundastrum cinnamomeum* f. *fokiense*

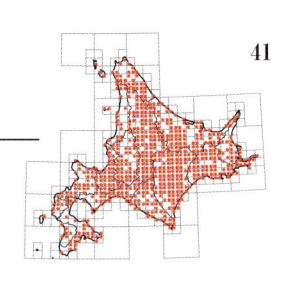

山の斜面でも見かけるが、湿原では群生する景観を見せる夏緑性のシダ。根茎が短いので株立ち状となる。葉は二形状で栄養葉の長さは50cm以上になる。栄養葉に囲まれるように胞子葉が直立するが、胞子葉のない株は「何シダだろう？」と一瞬戸惑うかもしれない。ゼンマイと同様に若芽は山菜として利用される。分布は北～九。

湿原ではこのように群生することが多い。6月29日にニセコ山系・鏡沼で

成長すると胞子葉より高くなる

胞子葉と栄養葉の対比が美しい。6月20日にニセコ山系・鏡沼で

羽片に柄はない

先端はとがる

裂片は円頭で鋸歯はない

これは栄養葉で2回羽状深裂

栄養葉はあまり広がらずに斜めに立つ

十分成長した栄養葉。7月29日に根室半島で

芽生えの状態。頭が黒っぽいのが胞子葉。6月1日に月形町で

真夏のころ葉柄につく赤褐色の綿毛は、こするとすぐ落ちる

ゼンマイ *Osmunda japonica*

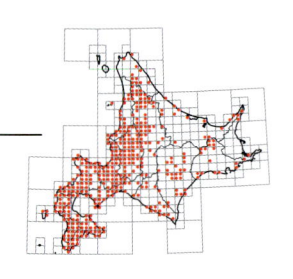

明るい林下や草地に生える夏緑性のシダで草丈は1mを超える。太い根茎から数枚の葉を出し，芽生えどきは白〜褐色の綿毛で被われるが生長と共に脱落する。葉は二形で，栄養葉は2回羽状複葉で小羽片の基部は切形〜円いくさび形。若芽は山菜として広く利用されている。分布は北〜沖縄。

樹林下に生え，栄養葉も胞子葉も十分伸びた状態。6月2日に江別市・野幌森林公園で

芽生えの姿。5月21日に新篠津村で

栄養葉は開きつつある段階では赤味をおびる。6月2日にえりも町で

胞子葉
栄養葉

先はややとがる
羽片は開出気味につく
小羽片の基部は切形〜円いくさび形
小羽片は開出気味につく

栄養葉の一部

ヤシャゼンマイ *Osmunda lancea*

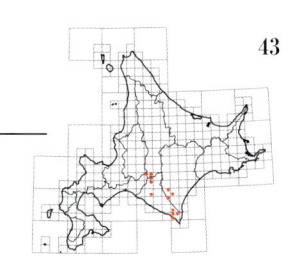

渓流の畔の岩上に生える夏緑性のシダ。葉は二形で栄養葉は2回羽状複葉で草丈は50〜60cm，小羽片の両端はとがって短い柄がある。この形は水没時，水流に対する抵抗を和らげるのだという。「ヤシャ」にはヤセまたはヤシャゴがなまったとする説がある。分布は北（主に日高山脈の両側と札幌市）〜九（東部）。

渓流の岩上に生える姿。なぜこのようなリスクの大きい所に生えるのだろう。6月22日に占冠村・鵡川沿いで

胞子葉の羽片

白い毛で被われた芽生え。5月20日に占冠村・鵡川沿いで

増水で水に浸かった状態。この事態を想定しての葉形なのだという。6月25日に様似町・幌満川沿いで

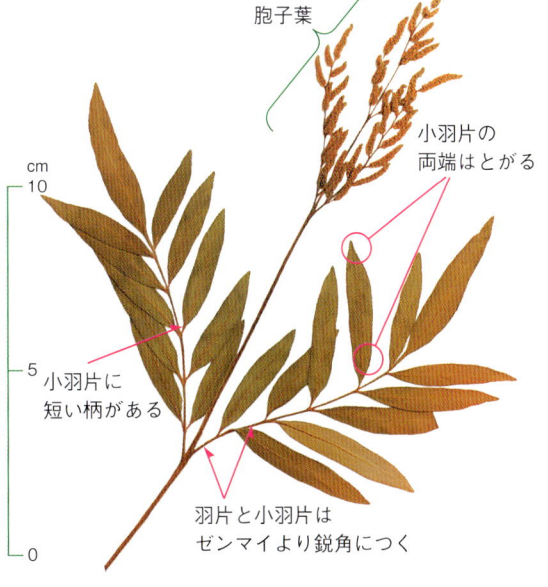

これは栄養葉の上部がたまたま胞子葉となったもの

コケシノブ科ハイホラゴケ属

ヒメハイホラゴケ *Vandenboschia nipponica*

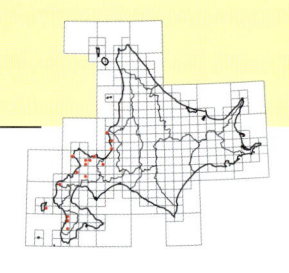

山地林内や沢沿いの日の当たらない岩に生える常緑性の小さなシダ。岩上を伸びる根茎に薄い膜質の葉を多数つける。葉は長さ3～5cmで3回羽状複葉、中軸と羽軸、小羽軸に裂片と同じような翼がある。裂片は重なり合う。ソーラスは裂片の先につき、包膜は浅いコップ状。分布は北～本（日本海側）～九（北部）。よく似た**ハイホラゴケ** *V. kalamocarpa* はより大型で葉の長さが7cm以上、裂片が重ならないもので、北海道にも記録があるようだが著者は見ていない。

海岸近くの沢沿いの岩に生える姿。ここは一時日の当たる所だ。4月23日に石狩市・厚田で

ソーラス

葉の裂片とその先につくソーラス

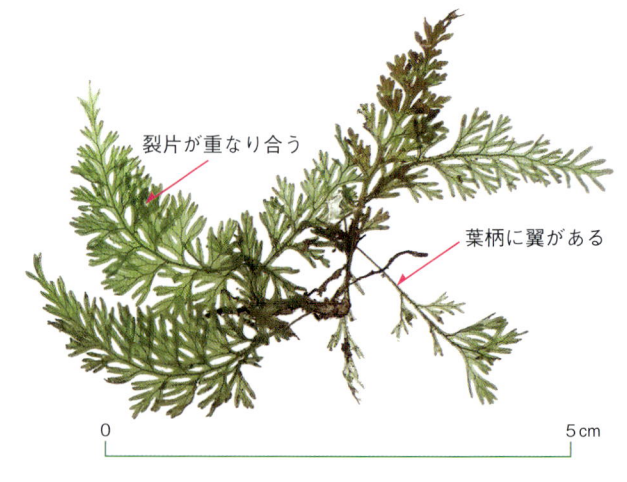

裂片が重なり合う

葉柄に翼がある

0　　　　　　　　　5cm

滝壺の大岩に群生する姿。葉のサイズが大きいので、もしやハイホラゴケではないかなと、撮影の12年後に確認のため現地を訪れたら、この個体群は着生していた大岩ごと消えていた。10月6日に島牧村・賀老ノ滝で

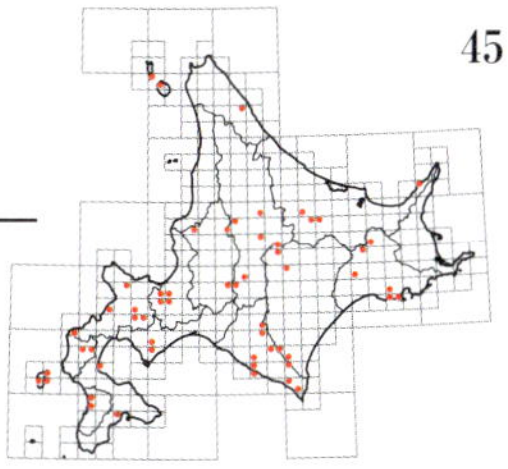

コケシノブ科コケシノブ属

コケシノブ *Hymenophyllum wrightii*

日の当たらない湿った岩上や樹幹に着生する常緑性のコケのような小さなシダ。長く這う根茎から多数の葉を出し，マット状に広がる。薄い膜質の葉は2〜3回羽状に分岐する。ソーラスは裂片の先につき，包膜は二弁状。分布は北〜九。近似種ヒメコケシノブ *H. coreanum* が道内にも分布し，ソーラスが葉の先端部につく。

日の射さない湿った斜面に群生していた。ソーラスは裂片の先につき，2枚の弁状の包膜に包まれる。10月10日に厚沢部町で

ソーラス
葉柄 大部分に翼がない
長い根茎
0　5 cm

ヒメコケシノブ。10月6日アポイ岳で
45°以下

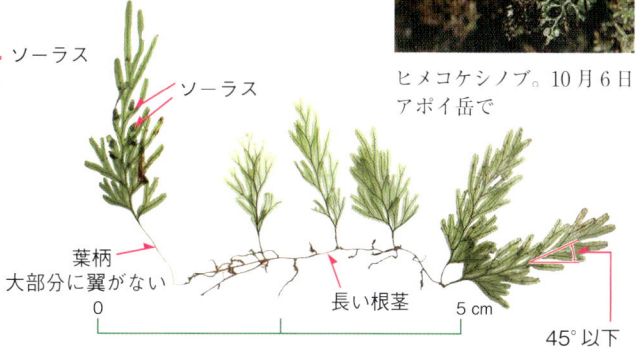

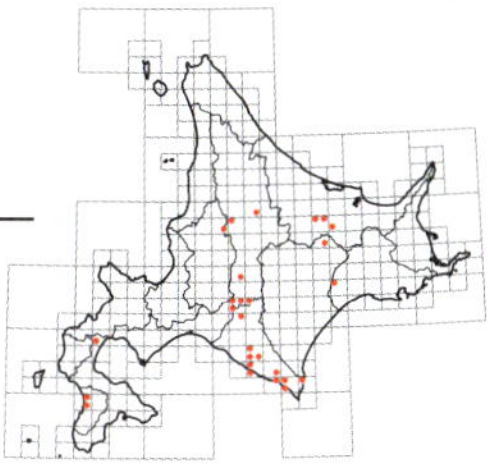

ウチワゴケ *Crepidomanes minutum*   アオホラゴケ属

日の当たらない湿った岩上や樹幹に着生する常緑性のコケのような小さなシダ。葉は薄い膜質で分裂しない単葉で団扇形で縁が裂けて掌状になる。ソーラスは葉の縁につき包膜は鐘形で唇部が反り返る。分布は北〜沖縄〜小笠原。

ソーラス
ソーラスは裂片の縁のコップ状の包膜に包まれる

渓流沿いの岩壁についていた小群生。10月29日に新ひだか町・静内川支流沿いで

葉柄は長さ1 cm以下
長く這う根茎
0　5 cm

コバノイシカグマ科コバノイシカグマ属

イヌシダ *Dennstaedtia hirsute*

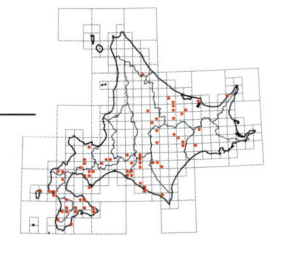

山地の岩場やその周辺に生えるやや小型のシダ。夏緑性だが小形の栄養葉はそのまま越冬することがある。全体に毛があり，葉はやや二形で2回羽状深〜全裂，裂片には切れ込み状の鋸歯があり，胞子葉はスリムで直立気味，栄養葉は肥満形で地表を被う姿となる。ソーラスは葉の縁につきコップ状。分布は北〜九。

胞子をつけない葉

ふつう岩壁の隙間に生える。
8月8日に新ひだか町三石・蓬莱山で

胞子をつける葉

ソーラスは裂片の縁につく

羽片の先はあまりとがらない

長い毛が密につく

ソーラスは裂片の縁につき，コップ状の包膜に包まれる

ソーラスのつく位置が独特

春，芽生えの状態。葉柄には長毛がびっしり生えている。前年の葉が変色したまま残っていた。6月2日にえりも町で

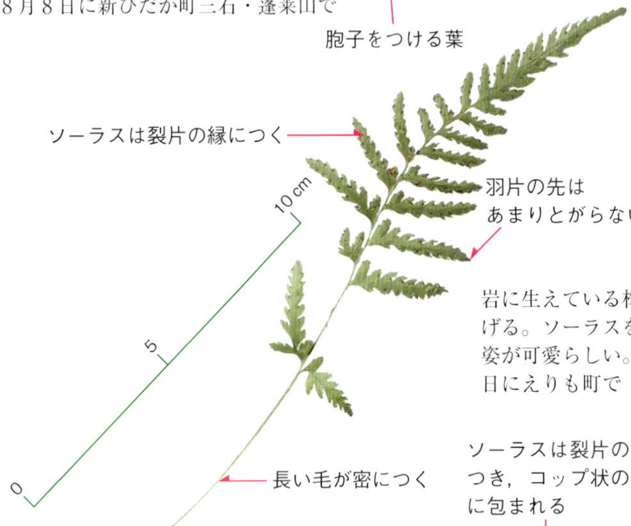

岩に生えている株を見上げる。ソーラスをつけた姿が可愛らしい。8月11日にえりも町で

オウレンシダ *Dennstaedtia wilfordii*

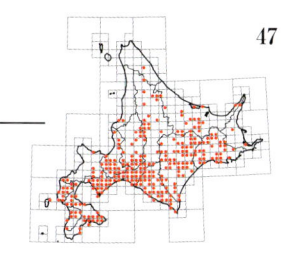

山地の林下や林縁に生えるやや小形で根茎が長い夏緑性のシダ。全体に毛が少ないので光沢があるように見える。葉柄は長さ20 cmほどになり、鱗片はなく、葉身は長さ20 cm以上になり、ふつう2回羽状複葉で裂片には深い切れ込みがある。ソーラスは裂片の先端につきコップ状の包膜につつまれる。分布は北〜九（中北部）。

長い地下茎から葉が結構まとまって立ちあがっていた。9月27日に新日高町・ペラリ山で

胞子がつかない葉の集団。若い個体なのだろう。5月31日に函館市・函館山で

ソーラスをつける葉が遅れて展開する。6月2日に厚真町で

裂片には深い切れ込みがある
コップ状の包膜につつまれたソーラス
羽片に短い柄がある
どちらも胞子をつける葉
胞子をつける葉
葉柄はまだ長い（15 cmくらい）
裂片の先端につくソーラス

コバノイシカグマ科ワラビ属

ワラビ *Pteridium aquilinum* subsp. *japonicum*

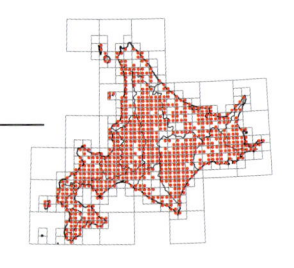

原野や道端，日の当たる所に生える夏緑性で大形のシダ。芽生えどきの姿は代表的な山菜として多くの人に馴染みがあるが，生長した姿を知る人は少ない。地中に根茎が伸びて多数の葉を出す。葉身は3角形状でやや革質で硬い。山菜として食する葉柄の部分は1m近くまで伸びる。ソーラスは裂片の縁が巻いた部分にあるがふつうに見られるほど多くない。分布は全国各地。

道端に群生する姿。摘み採りから逃れた株か。9月29日に札幌市・西岡で

葉が開きかけた状態。もう山菜としては無理か。6月12日に釧路市・阿寒湖畔で

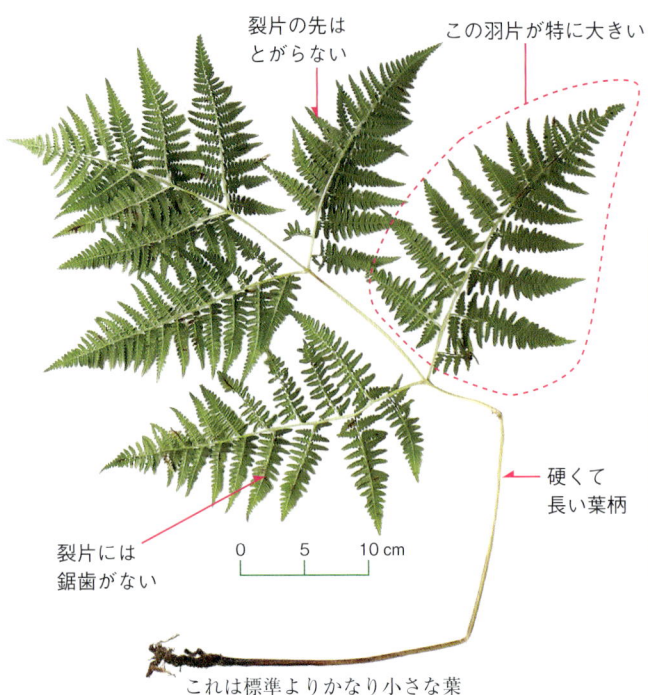

裂片の先はとがらない
この羽片が特に大きい
硬くて長い葉柄
裂片には鋸歯がない
これは標準よりかなり小さな葉

ソーラスは葉裂片の縁につくが，なかなか見られない。10月1日に八雲町・熊石で

山菜として摘みごろの芽生え。よく蟻がついている。5月30日に札幌市・藻岩山で

キジノオシダ科キジノオシダ属

ヤマソテツ *Plagiogyria matsumurana*

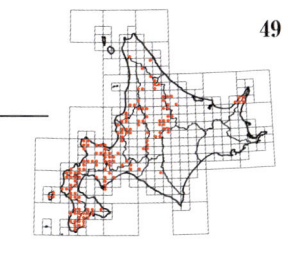

山地の樹林下に生えるシダ。太くて短い根茎から株立ち状に葉を出す。葉は二形で栄養葉は四方八方に広がり，長さ 50 cm 前後，羽状全裂し，羽片は重鋸歯縁。やや厚く硬い草質で，濃い緑色の状態で越冬して初夏に枯れる。胞子葉は高く直立する。分布は北〜四。

栄養葉と胞子葉がほぼ伸びきった状態。9月7日に夕張岳で

前年の葉　初夏，前年伸びた葉は枯れ始める。6月18日に福島町で

胞子葉のアップ

芸術的な姿を見せつつ伸びる胞子葉。6月22日に夕張岳で

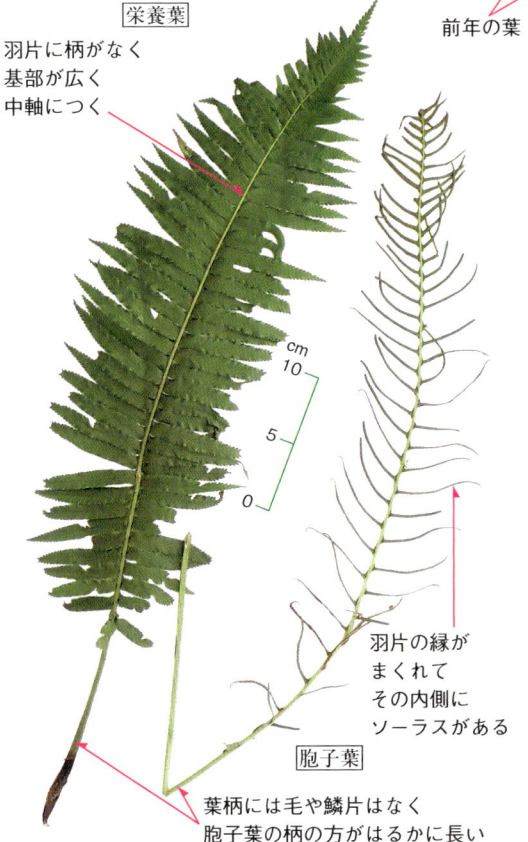

栄養葉
羽片に柄がなく基部が広く中軸につく

胞子葉
羽片の縁がまくれてその内側にソーラスがある

葉柄には毛や鱗片はなく胞子葉の柄の方がはるかに長い

羽片は鋭い重鋸歯縁

イノモトソウ科ホウライシダ属

クジャクシダ　*Adiantum pedatum*

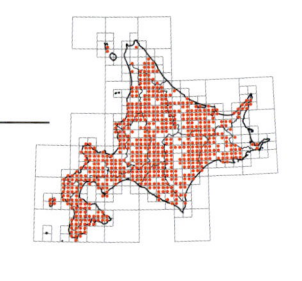

樹林帯に生える夏緑性のシダ。葉は羽軸が二股分枝を繰り返して扇状に広がる。葉の質は薄く，葉柄や中軸は紫褐色で無毛，つやがある。若時に赤みをおびる葉があり美しい。小羽片の先端が裏面に巻き込み，包膜状となってソーラスを包む。分布は北〜本〜四（一部）〜九（一部）。

羽片が扇状に広がり，クジャクの尾羽根を連想させてくれる。5月23日に函館市・函館山で

葉の色はふつう緑色だが赤みをおびるものも。こちらの方がクジャクらしい。5月23日に函館市・函館山で

このような葉形のシダはほかにないので自信をもってクジャクシダと呼ぼう

長い葉柄は無毛で紫褐色

二股分枝を繰り返す

ソーラス

小羽片の上端が裏面にめくれて包膜状となる

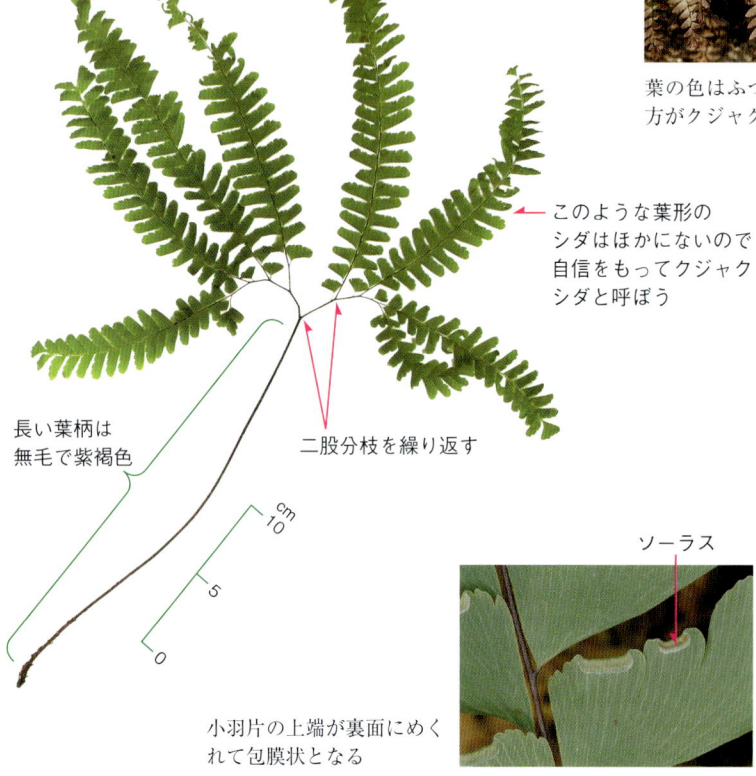

赤い色の葉の芽生え。見せ場をたくさんつくるシダである。5月3日に奥尻島で

イノモトソウ科リシリシノブ属　51

リシリシノブ(イワシノブ)　*Cryptogramma crispa*

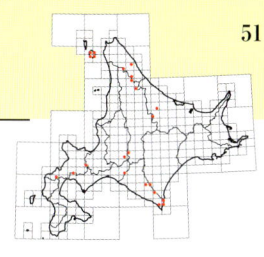

山地〜高山の岩場に生える夏緑性のシダ。根茎は短く二形の葉がまとまって生える。葉の質はやや硬い。胞子葉は直立して高さは30cm以内，3回羽状全裂。栄養葉はより短く2〜3回羽状全裂。分布は北〜本(東北)。

渓流沿いの岩壁に生えていた。10月6日に浦河町・楽古岳登山口近くで。胞子葉が垂れ下がり気味となっている

栄養葉に囲まれて新しい芽生えが。6月10日に利尻山上部で

胞子葉の裂片の縁がまくれて胞子嚢膜状態となって胞子嚢を包んでいる

胞子葉
胞子のつかない栄養葉
淡い褐色の鱗片がつく
前年の葉　　短い根茎

伸び盛りの状態。7月4日に利尻山で

イワガネゼンマイ　*Coniogramme intermedia*

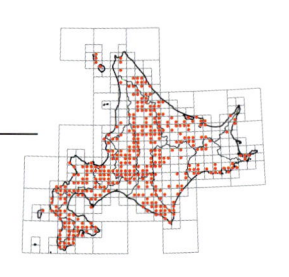

山地の林床に生える夏緑性のシダ。地中を伸びる根茎から葉柄と共に長さ50 cm以下の葉を立ちあげる。葉身はやや厚みと硬さがある草質，1〜2回羽状複葉で小羽片は細かい鋸歯縁，先は急に狭くなって尾状に伸びる。ソーラスは平行に走る側脈上に線状につき，包膜はない。分布は北〜屋久島。

十分成長した株。あまりシダらしくない姿だ。6月29日に厚沢部町で

葉裏の葉脈上についたソーラス

芽生え後，葉が開きかけた段階。5月31日に函館市・函館山で

下部羽片だけがもう1回羽状に分裂

葉柄は長く無毛

先端が尾状に伸びる

縁に細かい鋸歯あり

イノモトソウ科イワガネゼンマイ属

イワガネソウ *Coniogramme japonica*

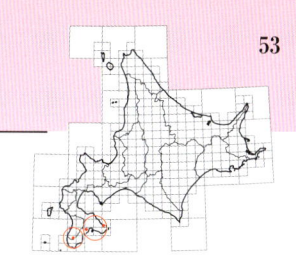

イワガネゼンマイによく似たシダで少し小形。葉はイワガネゼンマイよりさらに硬くやや革質で光沢も少しある。小羽片の先は徐々に狭くなってとがる。ソーラスがつく葉裏面の平行側脈はやや網目状となる部分がある。道内では珍しい種らしく，著者は1か所でしか見ていない。分布は北(渡島)〜沖縄。

秋の状態。葉は厚く光沢のある感じがする。10月18日に北斗市・花と憩いの森で

春，葉を展開し始めるころ。5月24日に北斗市・花と憩いの森で

葉縁と葉脈の比較。イワガネソウ(左)とイワガネゼンマイ(右)

イワガネソウのソーラスは葉脈上につき，葉脈は所々で隣の脈と交差する

小羽片の比較。イワガネゼンマイ(左)とイワガネソウ(右)

チャセンシダ　*Asplenium trichomanes*

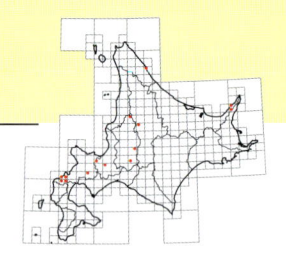

山地の岩場に生える小形で常緑性のシダ。塊状の根茎から四方八方に葉を広げる。葉は質が硬く，長さは 20 cm 前後になり，単羽状葉で，羽片は 20 対ほどある。葉柄と中軸はつやのある紫褐色で両側面に狭い翼がある。分布は北(局所的)〜九。

中軸と葉裏のソーラス

石灰岩地帯，岩の割れ目に生えていた。8月22日に島牧村で

苔むす岩に生えていた株。9月14日に知床半島・羅臼岳で

アオチャセンシダ　*Asplenium viride*

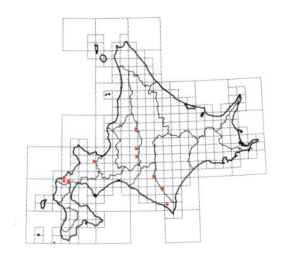

山地〜高山の岩場(主に石灰岩)に生える小形で常緑性のシダ。姿は**チャセンシダ**によく似るが，葉はやや厚い草質で硬くない，葉柄と中軸は緑色で翼はつかない。羽片も 15 対前後で少なく，下部の羽片はほとんど小さくならない。分布は北〜四。

葉軸と葉裏のソーラス
最下の羽片

石灰岩に生える株。8月6日に夕張山系・崕山で

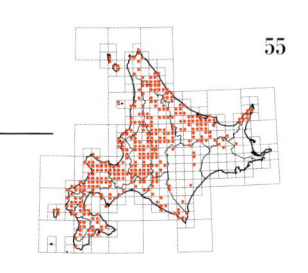

トラノオシダ *Asplenium incisum*

山野の林床や路傍にごく普通に生える常緑で小形のシダ。短い根茎から何枚もの葉を出す。葉はやや二形で，胞子をつける葉は立ちあがり，長さはふつう30cm以下，2回羽状深裂で羽片は鋸歯縁。胞子をつけない葉は小さく，地表に伸びる，単羽状葉で鋸歯縁。ソーラスは長楕円形で裂片の中脈寄りにつくが，熟すと裏面全体を被うように見える。分布は北～沖縄。

苔むした急斜面に生える株。9月27日に佐呂間町・幌岩山で

越冬した葉と芽生え。6月3日に札幌市・砥石山で

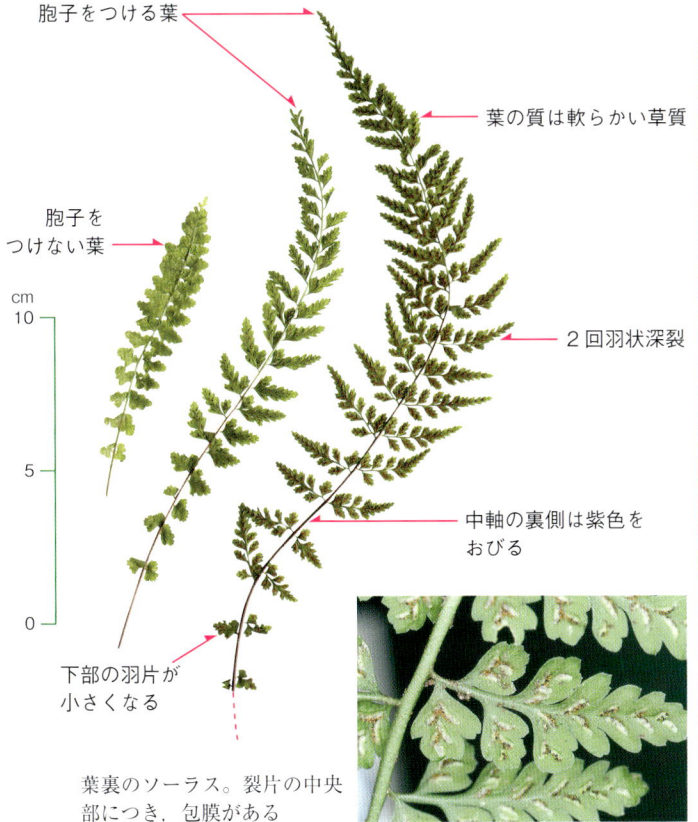

胞子をつける葉
葉の質は軟らかい草質
胞子をつけない葉
2回羽状深裂
中軸の裏側は紫色をおびる
下部の羽片が小さくなる

葉裏のソーラス。裂片の中央部につき，包膜がある

秋，落ち葉の中での緑色はとても目立つ存在。9月21日に札幌市・砥石山で

イワトラノオ *Asplenium tenuicaule*

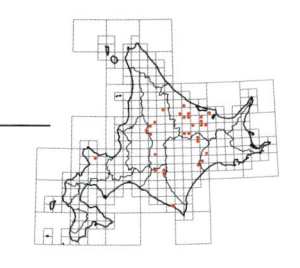

山地渓流沿いの苔むした岩に生える小形で常緑性のシダ。短い根茎から何枚もの葉を出す。葉は斜上したり垂れ下がって伸び，長さ10 cm前後になるが変異が大きく，2回羽状深〜全裂で小羽片は羽状に深裂。分布は北〜九。

日の当たらない暗い岩壁に生えた株。8月21日に新ひだか町・静内ダム南岸の林道沿いで

小形の個体。6月17日に置戸町・鹿の子沢で

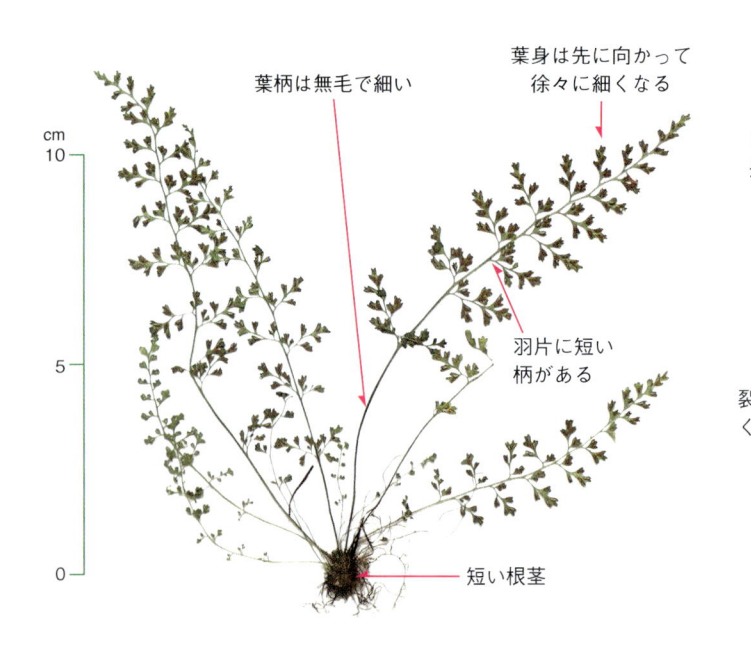

葉柄は無毛で細い
葉身は先に向かって徐々に細くなる
羽片に短い柄がある
短い根茎

ソーラスは長楕円形
包膜は白っぽい
裂片の基部はくさび形

葉裏のソーラス

チャセンシダ科チャセンシダ属

ヒメイワトラノオ *Asplenium capillipes*

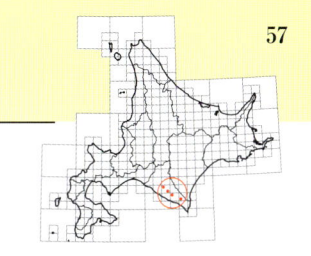

岩の窪みにコケシノブなどと共に生えていた。新ひだか町・ピセナイ山で

山地の岩場に生える前掲の**イワトラノオ**によく似た小形で常緑のシダ。葉は地表を這うように伸び、糸のように細い中軸に無性芽が出る。分布は北〜九。

無性芽　包膜は薄い緑色　裂片は円頭だが先端が突出

スリムでない裂片　葉柄・中軸は糸より細い感じ

0　　　　　5 cm

中軸から出た無性芽 　　葉裏のソーラス

イチョウシダ *Asplenium ruta-muraria*

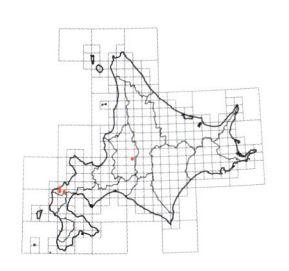

葉裏のソーラス

山地の石灰岩地帯に生える小形で常緑性のシダ。葉の質は厚めでやや硬い。葉身は円形〜披針形で2回羽状または単羽状に分かれ、裂片はイチョウの葉に似ている。ソーラスは数個が裂片の中央に集まる。分布は北〜九。

芽生えから葉を展開するステージ。6月23日に夕張山系・崕山で

石灰岩の割れ目に生えた株。6月23日に夕張山系・崕山で

クモノスシダ *Asplenium ruprechtii*

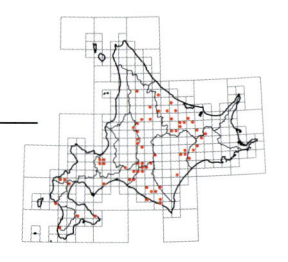

山地のあまり日の当たらない岩に生える小形で常緑性のシダ。葉身は狭披針形～長三角形で先端が糸状に伸びて新しい苗をつくる。これを繰り返す様子が蜘蛛の巣に見えるのが和名の由来。葉は大きいもので長さが15cmほどになる。分布は北～九。

苔むした岩にびっしり生える姿。6月12日に本別町・本別公園で

葉裏のソーラス。全縁の包膜がある

葉の先端が糸状に伸びる

糸状に伸びて先端につくった新しい苗

大きく育った株。10月29日に新ひだか町・静内ダム近くで

新しい苗

葉の先が糸状となって伸びる姿がよくわかる。7月8日に訓子府町で

チャセンシダ科チャセンシダ属

コタニワタリ　*Asplenium scolopendrium*

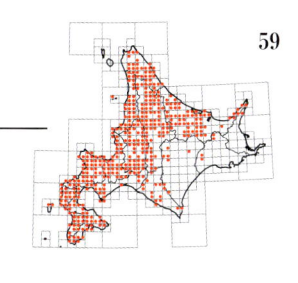

山地の樹林下に生える中形で常緑のシダ。葉は多肉質的で少し光沢がある。葉身は羽状に分かれず単葉，縁がやや波打つ場合があり，長さは大きいもので50 cmほどになる。ソーラスは線形で包膜は縦に裂ける。分布は北〜九。

厚みと光沢のある葉は秋に目立つ。10月24日に札幌市・八剣山で

越冬した葉と新芽。5月15日に札幌市・西岡で

線形のソーラス。包膜が裂けてソーラスがまる見えとなった

先端はとがる

葉柄から中軸にかけて鱗片がびっしりつく

基部は心形

耳状突起は目立つ葉とそうでもない葉がある

ぐんぐん伸びる葉。5月29日に札幌市・砥石山で

ナヨシダ科ナヨシダ属

ナヨシダ *Cystopteris filix-fragilis*

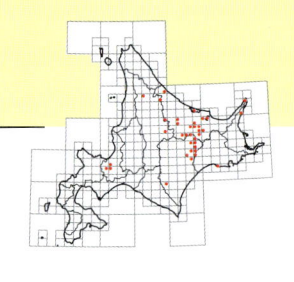

山地の岩場やその周辺に生える夏緑性のシダ。根茎は短く株立ち状となる。葉は薄い草質で淡い緑色，長さは大きいもので20cmほど，ふつう2回または3回羽状深〜全裂。小羽片は鈍い鋸歯縁ないし中裂する。ソーラスは円形に近く包膜がある。学名の種小名は"こわれやすい"という意味で，和名と連動している。分布は北（局所的）〜四。

岩場に生える個体。6月3日に札幌市・八剣山で

ソーラス　包膜
羽軸
葉裏のソーラス

先はとがる
下部の羽片は間隔をおいてつく
下部の羽片は小さくなる
葉柄下部は茶褐色をおびる
ソーラスははじめ包膜に被われるが，成熟するにつれ下に敷くようになる

芽生えの状態。4月30日に札幌市・八剣山で

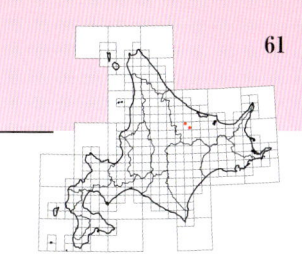

ナヨシダ科ナヨシダ属

ヤマヒメワラビ *Cystopteris sudetica*

山地の森林の林床に生える夏緑性のシダ。根茎が長く伸びるので株立ち状とはならず，ぽつんぽつんと葉が出る。葉はやや硬い草質で長さは大きいもので長さ20 cmほど，3回羽状全裂。ソーラスは円形，包膜は広卵形。比較的最近(2008年)道内で確認されたシダ。分布は北〜本(いずれも局所的)。

先はとがる

羽片と小羽片に短い柄がある

葉柄は葉身より長い

葉柄は褐色をおびる

ソーラス　包膜は袋状〜お椀状となってソーラスを包む

葉柄基部に鱗片がある

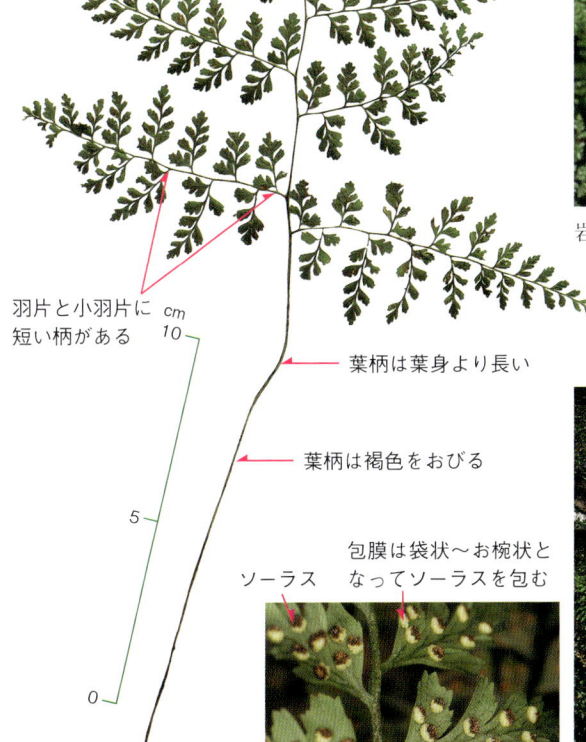

葉裏のソーラス。なかなか美しい

岩壁下の樹林に生えていた。7月27日に遠軽町・生田原で

樹の根元に生えた株。7月27日に遠軽町・生田原で

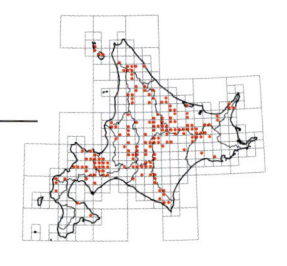

ウサギシダ *Gymnocarpium dryopteris* var. *dryopteris*

山地の林床にはえる小形で夏緑性のシダ。根茎は地中に長く伸びて葉は1枚ずつ出る。葉は薄い草質で長さ20cm前後，2～3回羽状深～全裂して五角形状となるが，最下1対の羽片が大きいので3出状に見える。終裂片は円頭で優しい感じがする。ソーラスの包膜は円形で大きい。分布は北，本(中部以北)。最下とその上の羽片に柄があるものを変種**アオキガハラウサギシダ** var. *aokigaharaense* という。

針葉樹が多く生える樹林下の小群生。7月21日に十勝連峰・原始ヶ原へのアプローチで

ソーラスは円形で包膜はない

タチカメバソウの葉

葉裏のソーラス

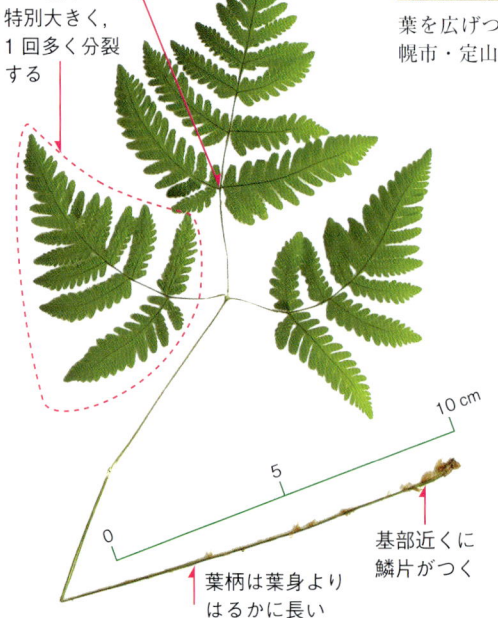

この羽片に柄があればアオキガハラウサギシダ

この羽片が特別大きく，1回多く分裂する

葉を広げつつある姿がユニーク。5月30日に札幌市・定山渓で

芽生え。6月1日に札幌市・手稲山で

葉柄は葉身よりはるかに長い

基部近くに鱗片がつく

アオキガハラウサギシダ。7月3日に札幌市・硬石山で

ナヨシダ科ウサギシダ属

イワウサギシダ *Gymnocarpium jessoense*

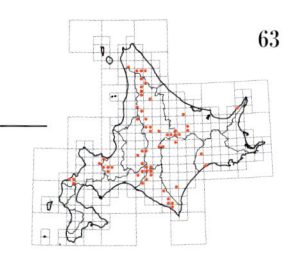

ウサギシダによく似た夏緑性のシダで，山中の岩場とその周辺に生える。根茎は長いが，葉はややまとまって出る。葉身はやや厚く硬い草質で長さ25cm前後，三角状卵形で2～3回羽状全裂だが3出状には見えない。第1と第2羽片に柄がある。分布は北～四。

岩の割れ目から垂れ下がるように生えていた。6月15日に平取町で

羽片はカーブする傾向があるよう

この羽片が特別大きいが3出葉に見えるほどではない

ソーラスはほぼ円形で包膜はない

葉柄は硬くて折れやすい

最下とその上の羽片に柄がある

葉柄は葉身の2倍以上の長さがある

葉裏のソーラス

葉が開きかけた状態。6月8日に幌延町の蛇紋岩地で

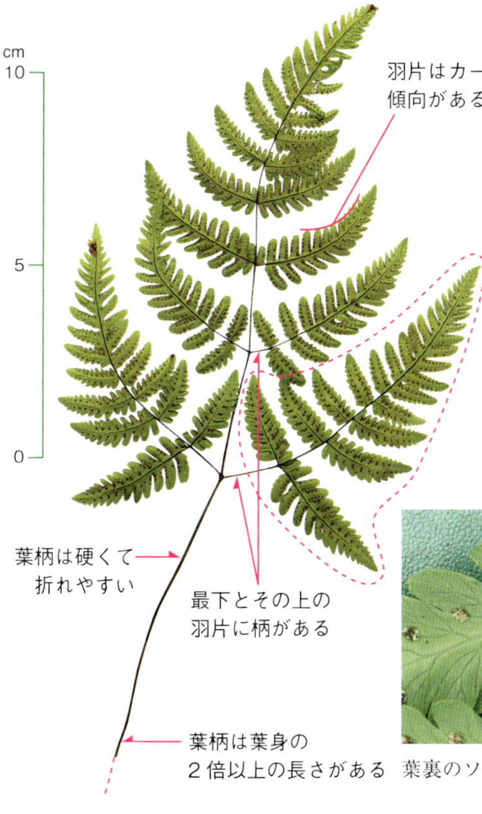

直立して生える姿。6月24日に夕張山系・崕山で

ヒメシダ科アミシダ属

ミゾシダ *Stegnogramma pozoi* subsp. *mollissima*

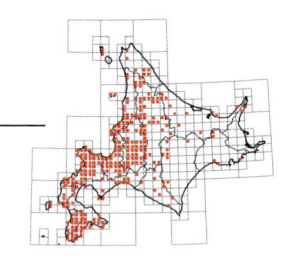

野山の湿った所，特に樹林下に生える夏緑性のシダ。長い根茎から葉を立ちあげるので，ある程度まとまって生える。全体に毛があり，葉の質は薄い草質でやや硬く光沢がある。葉身は2回羽状深裂し，最下の羽片は大きい。包膜のない線形のソーラスが2列に並ぶ。分布は北〜九。

葉裏のソーラス。包膜はない。成熟すると黒っぽく見える

よくこのように群生している。7月9日に札幌市・手稲山で

軟毛が密生してビロード状

葉柄の鱗片

芽出しのユニークな姿

裂片は円頭〜やや鋭頭

とがる

この羽片が特に大きくなる傾向がある

羽片に柄はない

鱗片が結構目立つ

ヒメシダ科ヒメシダ属

イワハリガネワラビ *Thelypteris musashiensis*

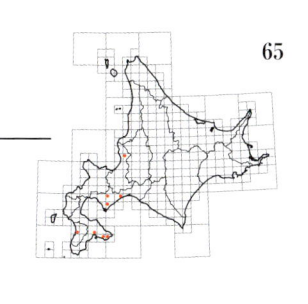

山地樹林下に生える夏緑性のシダ。根茎は短く，まとまって葉を出す。全体に毛がある。葉柄は緑色～わら色（基部のみ褐色）で長さ30 cm以下，葉は長さ30 cm以下，薄い草質で淡い緑色，裏面に細かい腺点がある。最下羽片の基部は狭くなる。ソーラスは円形で包膜はほとんど無毛。かつてハリガネワラビに含まれていたが，今は別種。分布は北～九。

登山道脇に生える株。10月8日に函館市・恵山三十三曲りコースで

葉が伸びつつある状態。
5月23日に江差町で

"パッと見"ではヘビノネゴザ（P.89）を思わせるが裂片の先が円い

とがる

羽軸寄りにつくソーラス

中軸は緑色

羽片に柄がない

最下の羽片は下を向く傾向がある

こげ茶色の鱗片

最下羽片の基部は狭くなる

急斜面に垂れ下がるように生える株。8月4日に苫小牧市・錦大沼で

ヒメシダ *Thelypteris palustris*

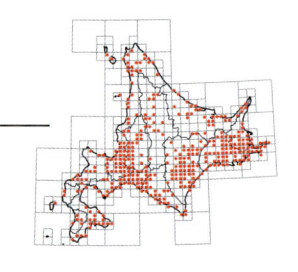

湿原や湿った草地，沢沿いなどに生える夏緑性のシダ。根茎が長く伸びて群生する。葉は草質で軟らかく，栄養葉と胞子葉の二形があり，胞子葉はスリムで葉柄共に長さ30 cmほど。栄養葉の葉柄は短い。最下の羽片はあまり短くならない。分布は北〜九。

葉裏のソーラス

湿地に群生することが多い。7月17日に札幌市・西岡で

側脈が二股に分かれる

胞子をつけない葉

最下の羽片はあまり短くならない

最下の羽片はあまり短くならない

胞子をつける葉

可愛い芽生え

裂片の側脈

ヒメシダ科ヒメシダ属

ニッコウシダ *Thelypteris nipponica* var. *nipponica*

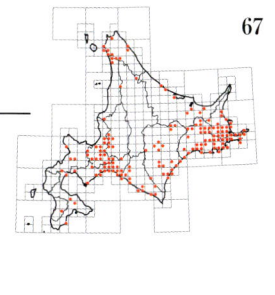

原野や湿った林床などに生える夏緑性のシダ。**ヒメシダ**によく似ているが，根茎はあまり長くなく，最下羽片が短くなり，裂片の側脈は二股に分かれない，などの違いがある。包膜に毛があり，無毛のものを**メニッコウシダ** var. *borealis* といい，イワハリガネワラビとの交雑に由来する4倍体種とされている。分布は北〜本(中部以北)。

少し乾き気味の湿地に生えていた株。7月30日に新篠津村で

葉裏のソーラス

胞子をつけない葉

可愛い芽生え。6月5日に新冠町で

胞子をつける葉

最下の羽片は短い

側脈は二股にならない

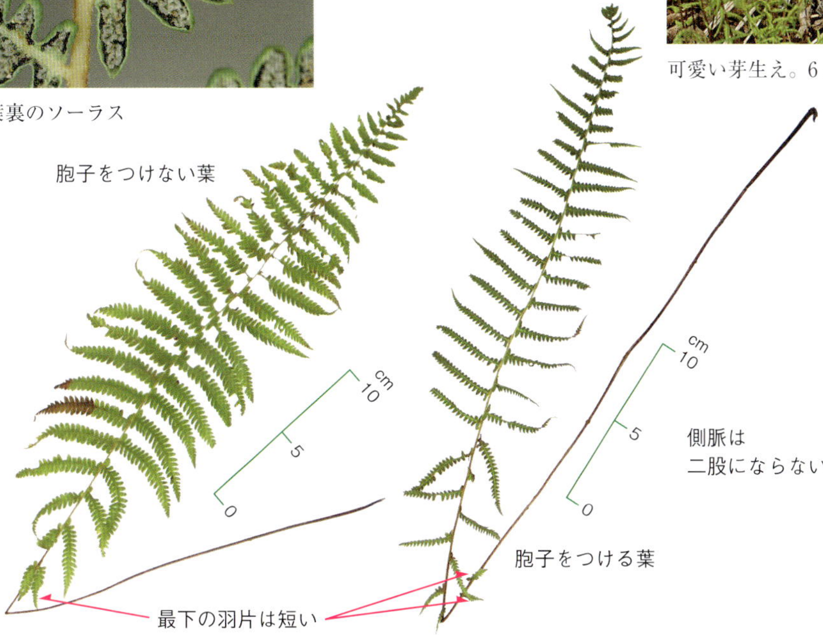

裂片の葉脈の様子がよく似たヒメシダとの区別点

ヒメシダ科ヒメシダ属

ミヤマワラビ *Thelypteris phegopteris*

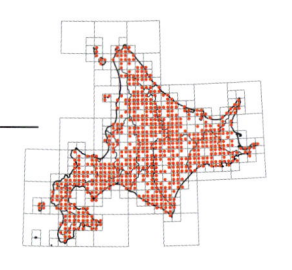

山地の樹林下に生える夏緑性のシダ。地中に長く伸びる根茎から葉が1枚ずつ出る。葉は草質で全体有毛で長さ15 cm前後，三角状長楕円形で2回羽状深裂，最下の裂片は中軸について翼をつくる。ソーラスは円形で包膜はない。分布は北〜屋久島。本州中部以北では普通種，それ以西では局所的。

ダケカンバの根元に垂れ下がった形で生え，深山らしい雰囲気が…。6月6日に上士幌町・糠平で

裂片の先端は円い

とがる

ソーラスは裂片の縁につく

羽片の基部は中軸の翼となる

葉裏のソーラス。円形で包膜はない

最下の羽片が最大でやや下を向く

葉柄は葉身より長い

淡い褐色の鱗片がつく

芽生えは小さく見落としそう。5月8日に様似町・アポイ岳で

立ち上がった形で生えた株。7月3日に札幌市で

オオバショリマ *Thelypteris quelpaertensis* var. *quelpaertensis*

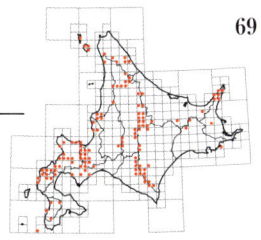

山地〜高山の湿った林床や草地に生える夏緑性の大きなシダ。根茎は短く株立ち状となる。葉は倒披針形で，葉柄を合わせると1m以上になる。葉柄と中軸には黄褐色の鱗片が密生するのが特徴。下部の羽片は次第に小さくなる。包膜は腎円形。分布は北〜屋久島。

高山帯の湿った所に生える株。8月12日に大雪山で

ソーラスは円形で裂片の縁につく

葉裏のソーラス

裂片の先は円い

羽片に柄はない

中軸にも鱗片が密生する

下部の羽片は小さい

葉柄には毛のように見える鱗片が密生する

葉柄には鱗片がびっしり生えている。6月10日に今金町・カニカン岳で

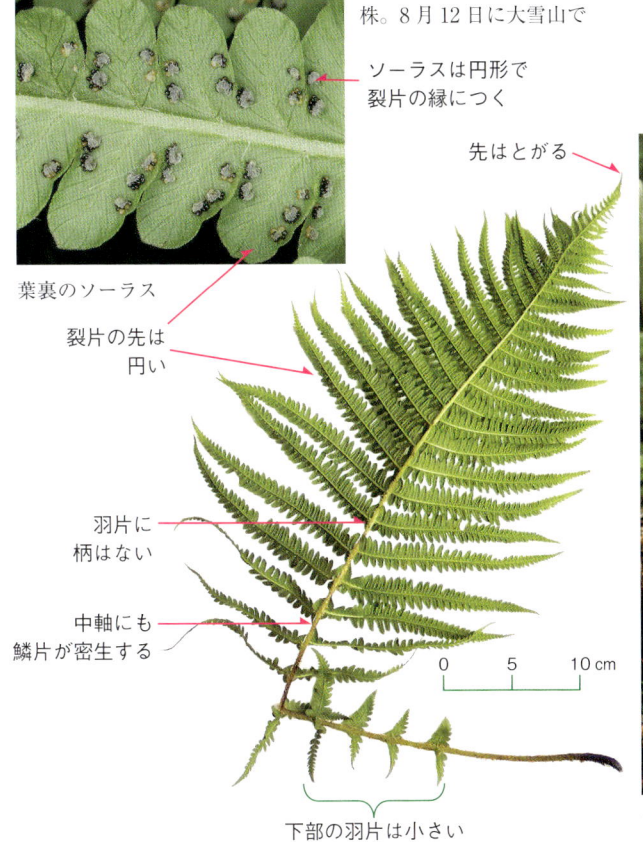

先はとがる

いっせいに芽生えた様子。6月22日に増毛山系・雨竜沼で

イワデンダ科イワデンダ属

イワデンダ *Woodsia polystichoides*

山地の岩場にふつうに生える小形で夏緑性のシダ。根茎は短く，やや硬い草質の葉がまとまって出る。葉は全体に毛があり，長さは大きなもので30 cmほど，柄は5 cmほど。ソーラスを包む縁の細裂したお椀状の包膜は後に皿状となる。分布は北〜九。

フクロシダ

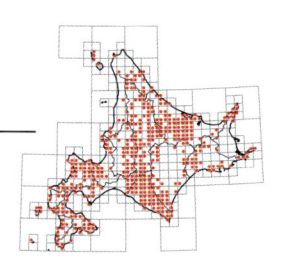

ミヤマワラビやフクロシダと共に林道沿いの崖に生えていた。
7月30日に占冠村・赤岩青巌峡で

ミヤマワラビ

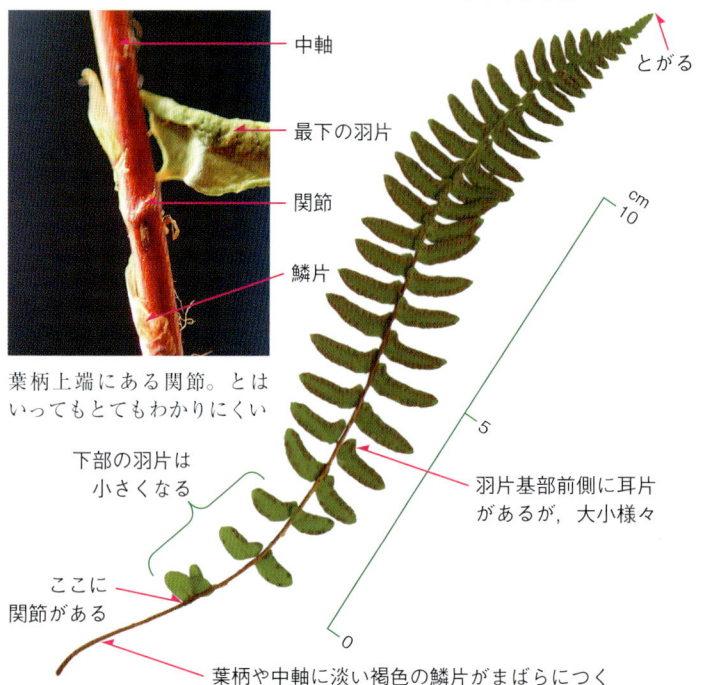

中軸
最下の羽片
関節
鱗片
とがる

葉柄上端にある関節。とはいってもとてもわかりにくい

下部の羽片は
小さくなる

ここに
関節がある

羽片基部前側に耳片
があるが，大小様々

葉柄や中軸に淡い褐色の鱗片がまばらにつく

芽生えの状態。4月18日に札幌市・八剣山で

葉裏のソーラス。羽片を縁どるようにつく。この羽片は耳片が顕著でない

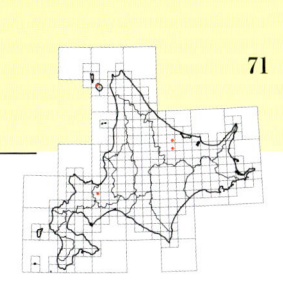

イワデンダ科イワデンダ属

キタダケデンダ（ヒメデンダ）　*Woodsia subcordata*

山地の岩場に生える**イワデンダ**に似た小形で夏緑性のシダ。根茎は短く，やや硬い葉がまとまって出る。葉は羽状葉で，羽片の基部側半分は3〜4対に羽状中〜深裂。ソーラスには皿形で不規則に裂けた包膜がある。分布は北〜本（南アルプス・八ケ岳）。

樹林に囲まれた崖に生える株。7月27日に遠軽町・生田原で

羽片の裏面には線状の鱗片と毛がある

葉裏のソーラス

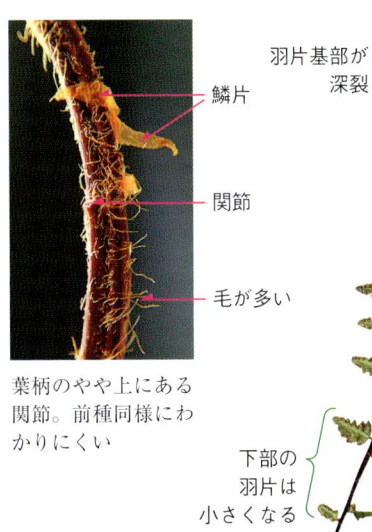

鱗片

関節

毛が多い

葉柄のやや上にある関節。前種同様にわかりにくい

芽生えて葉が伸びつつある状態。6月13日に札幌市・手稲山で

羽片は三角形状長卵形

羽片基部が深裂

下部の羽片は小さくなる

このあたりに関節がある

葉柄は紫褐色をおびる

フクロシダ *Woodsia manchuriensis*

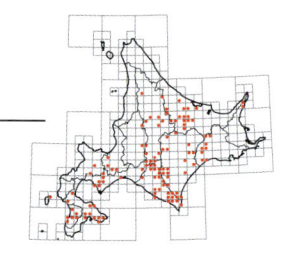

山地や谷間の日の当たらない岩場に生える小形で夏緑性のシダ。根茎は短くやや株立ち状に葉を出す。葉は軟らかい草質でほぼ無毛で裏面は白っぽく，大きいもので長さ30 cmほど，羽片は深く裂ける。葉柄は短い。ソーラスが白っぽい袋状の包膜に包まれるのが特徴で，和名の由来ともなっている。分布は北〜九。

白い袋状の大きい包膜

葉裏のソーラス

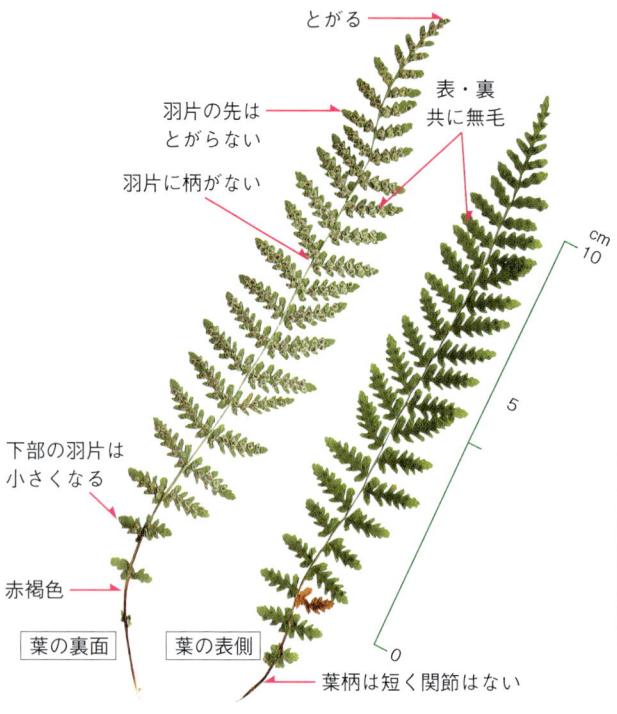

岩の垂直な部分に生える姿。8月23日に西興部町・ウエンシリ岳で

とがる
羽片の先はとがらない
表・裏共に無毛
羽片に柄がない
下部の羽片は小さくなる
赤褐色
葉の裏面　葉の表側
葉柄は短く関節はない

岩の割れ目に生える大きな株。8月23日に西興部町・ウエンシリ岳で

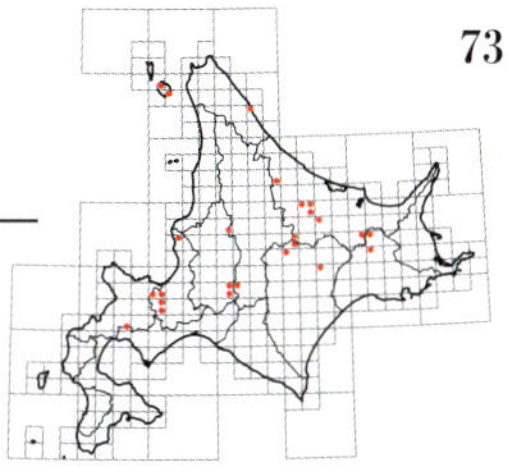

イワデンダ科イワデンダ属

ミヤマイワデンダ　*Woodsia ilvensis*

山地の岩場に生える小形で夏緑性のシダ。根茎は短く葉はまとまって出る。葉は草質で全体に毛や線状の鱗片があり、2回羽状全裂、羽片は浅〜深裂。葉柄基部近くに関節がある。ソーラスは縁が細かく裂けて長い毛状となった包膜に包まれる。分布は北海道のみ。

樹林に囲まれた岩壁に生える株。8月19日に遠軽町・生田原で

葉裏のソーラス

芽生えの姿。5月20日に紋別市で

葉柄基部近くにある関節

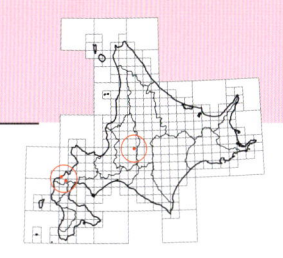

鱗片
関節

包膜は皿状でソーラスの下にある
このあたりの羽片が最大
羽片に柄はない
葉柄は赤褐色
葉柄基部近くに関節がある

トガクシデンダ（カラフトイワデンダ）　*Woodsia glabella*

高山の岩場に生える小形で夏緑性のシダ。根茎は短く葉はまとまって出る。葉は無毛、草質で軟らかく色は淡く長さ10 cmほど。羽片は柄がなく羽状に深裂。包膜は細かく裂けて毛束のように見える。分布は北〜本（関東・中部）。

アオチャセンシダ（P.54）と混生していた株。7月5日島牧村・大平山で

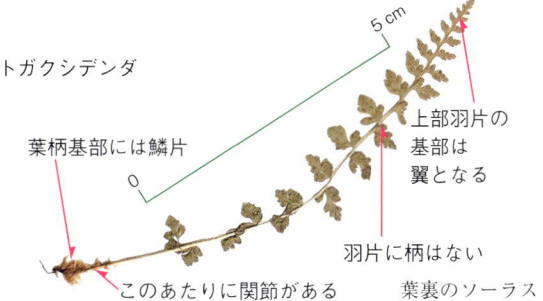

トガクシデンダ
葉柄基部には鱗片
このあたりに関節がある
上部羽片の基部は翼となる
羽片に柄はない
葉裏のソーラス

石灰岩の岩壁上に生える株。6月22日に夕張山系・礼振峰で

コウヤワラビ科クサソテツ属

クサソテツ（ガンソク）　*Matteuccia struthiopteris*

所々で群生する景観を目にするが，エゾシカは食さないようだ。6月12日に釧路市・阿寒湖近くで

野山のやや湿った所に生える大形で夏緑性のシダ。根茎は塊状で株立ち状となるが，匍匐枝を伸ばしても増えるので群生する。葉は二形で栄養葉は薄い草質で長さは1m以上になる。葉柄の断面が広三角形なのがこの種の特徴。胞子葉は栄養葉に囲まれるように夏に出て枯れ葉は翌春まで残る。若い芽はコゴミの名で山菜として利用される。分布は北〜九。

葉柄下部を除いて全体鱗片や毛はない

とがる

羽片の先端もとがる

葉柄はくすんだ緑色

鱗片は落ちやすい

羽片は下部になるほど小さくなる

栄養葉

胞子葉は栄養葉に囲まれ夏に出る。9月3日に札幌市・神威岳で

山菜のコゴミとして摘まれる芽生え。5月19日に札幌市・砥石山で

枯れた前年の胞子葉と伸びつつある栄養葉。5月20日に標茶町で

コウヤワラビ *Onoclea sensibilis* var. *interrupta*

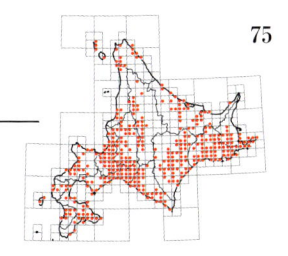

原野や道端など低地の湿った所に生える夏緑性のシダ。根茎は地中に伸びて株立ちとならない。葉は二形で栄養葉は草質で長さ20 cm前後で芽出し後しばらく赤味をおびる。胞子葉は栄養葉とほぼ同じ高さに伸びる。分布は北〜本，九。

湿った所でまとまって生えることが多い。9月7日に江別市・野幌森林公園で。葉の緑色は淡い

芽生えどきは全体に赤味をおびている。5月17日に札幌市・星置で

栄養葉に次いで胞子葉が伸びてきた。6月16日に千歳市で

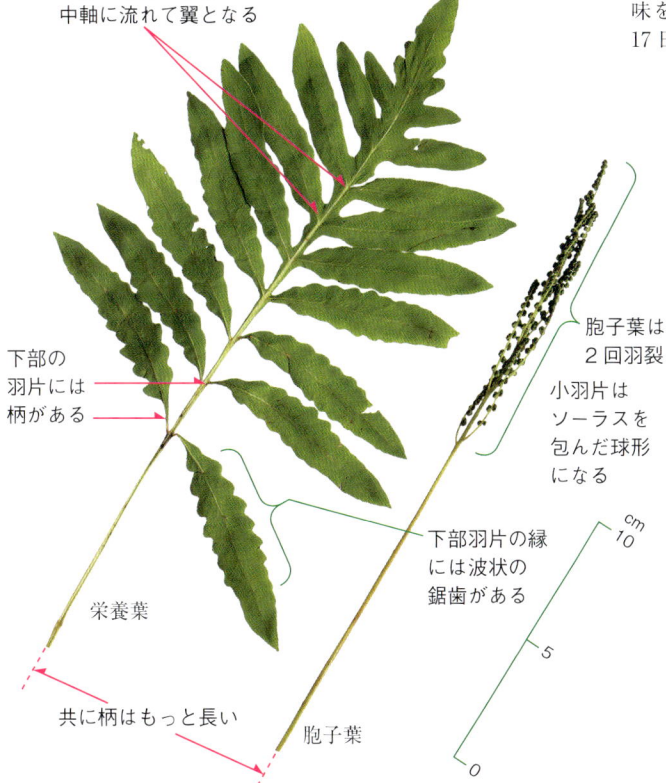

胞子葉

上部の羽片の基部は中軸に流れて翼となる

下部の羽片には柄がある

胞子葉は2回羽裂

小羽片はソーラスを包んだ球形になる

下部羽片の縁には波状の鋸歯がある

栄養葉

胞子葉

共に柄はもっと長い

胞子を放出して枯れる前の姿。9月30日に函館市・上湯の川で

イヌガンソク *Pentarhizidium orientale*

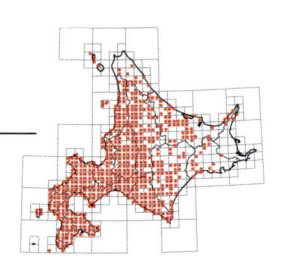

山地の林内や林縁，道端などに生える大きな夏緑性のシダ。根茎は太く短く斜上して株立ち状となる。葉は二形で栄養葉は紙質で長さは50cmをはるかに超え，単羽状に分かれる。胞子葉ははるかに短く，夏に出て枯れ葉は翌春まで残る。胞子葉が**ガンソク**(**クサソテツ**)(P.74)に似るのが和名の由来とか。分布は北〜九。

真夏，広げた栄養葉に囲まれて胞子葉が伸びてくる。8月11日に厚沢部町で

胞子葉

越冬し，枯れ残った胞子葉の脇から新芽が力強く出てきた。5月7日に札幌市・砥石山で

伸びつつある栄養葉。枯れた前年の胞子葉が残っている。6月4日に豊浦町で

前年の胞子葉
裂片に鋸歯はない
中軸に鱗片がある
質はやや厚い
胞子葉。これを雁の足に見たてた

0　5　10cm

栄養葉の一部分

シシガシラ *Blechnum niponicum*

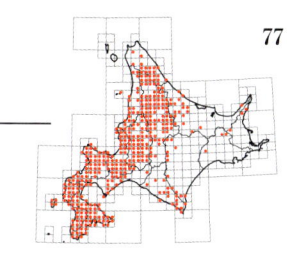

低地から山地まで明るくやや乾き気味の所に多く生え，登山道沿いでよく目にする。根茎は短く株立ち状となり，栄養葉と胞子葉が著しく異なり，二形の葉の見本のような常緑性のシダ。葉は革質でかたい。和名の由来は葉柄に暗褐色の鱗片がついた様子を，または葉が四方八方に伸びる様(ざま)を獅子の頭に見立てたという。分布は北〜九(日本固有)。

胞子葉は直立し，栄養葉は四方八方に伸びる。6月28日に札幌市で

先は急に狭くなってとがる

栄養葉
栄養葉の柄は短く，褐色線形の鱗片がある
胞子葉の柄は長い
胞子葉

芽生え。5月4日に八雲町・熊石で
前年の栄養葉

若い栄養葉は紅色に縁どられて美しい。5月4日に八雲町・熊石で

胞子葉　栄養葉

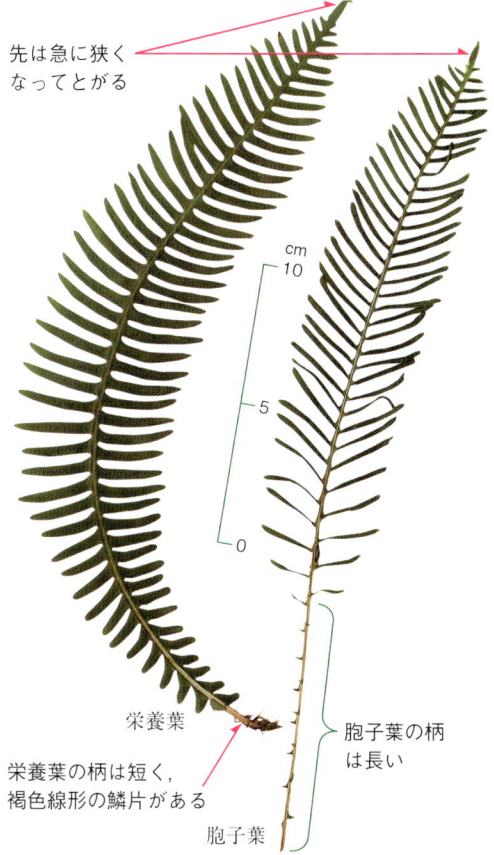

秋になると胞子葉はしなだれてくる。9月11日に札幌市で

イヌワラビ *Anisocampium niponicum*

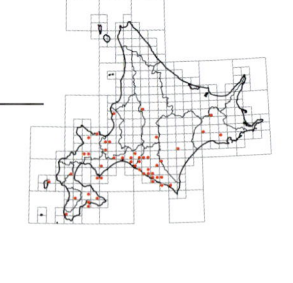

低地〜山地に生える夏緑性のシダ。根茎が地中に伸び，ややまとまって生える。葉は葉柄を含めて長さ50 cm以上になる。羽片は基部にはっきりした柄があり，先は尾状に細くなる。葉柄，中軸は緑色〜赤紫色。分布は北〜九。本州方面では普通種らしいが道内では道央以南の所々で見かける。かつてメシダ属として扱われていた。

葉裏のソーラス。
小羽片は鋸歯縁

ややまとまって生えている状態。10月19日に函館市・函館山で

ユニークな芽出しの姿。4月27日に函館市・函館山で

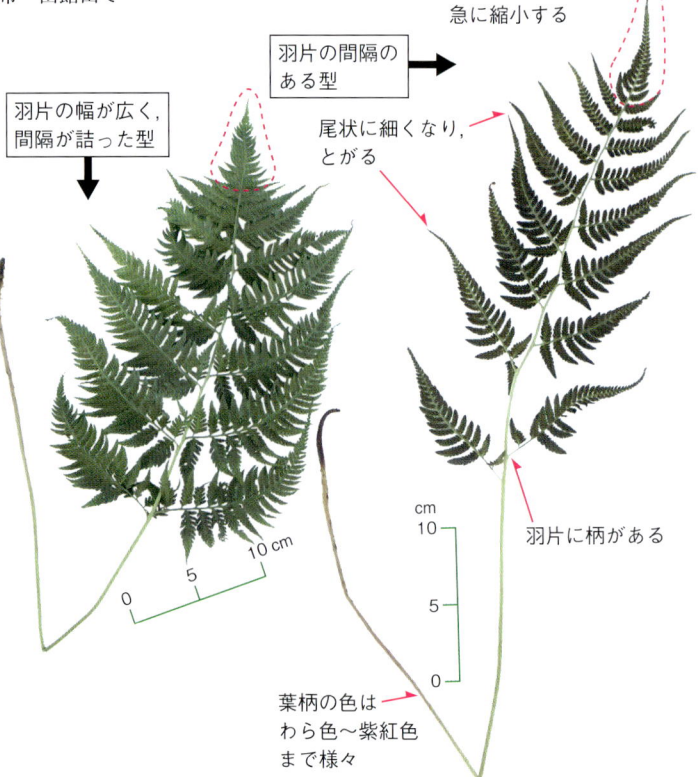

羽片の幅が広く，間隔が詰った型

羽片の間隔のある型

この部分が急に縮小する

尾状に細くなり，とがる

羽片に柄がある

葉柄の色はわら色〜紫紅色まで様々

メシダ科メシダ属　　　　　　　　　　79

カラフトミヤマシダ（ミヤマイヌワラビ）　*Athyrium spinulosum*

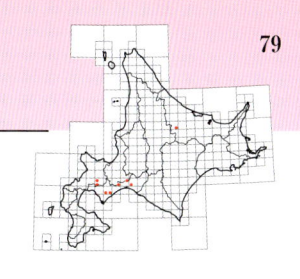

低地～山地の林下に生える夏緑性のシダ。根茎は地中に伸び，ポツポツと葉を出す。葉は長さ30cmほどで，幅よりやや短い。薄い草質でやや淡い緑色。最下羽片が特に大きく，先端部と基部が狭まる。ソーラスはほぼ円形とされるが，著者はまだ見ていない。分布は北～本（中部）。珍しい種で，写真は旧早来町JR遠浅駅裏の林下でのものだが，現在は畑地となってしまった。新千歳空港南側の山林にもあり，遠軽町でも見つかっている。

林下にポツポツと生えていた。8月31日に安平町・早来町で

裂片の先は深く鋭い鋸歯縁

葉裏にあるはずのソーラスはまだ見ていない

芽生えの姿。6月20日に安平町・早来町で

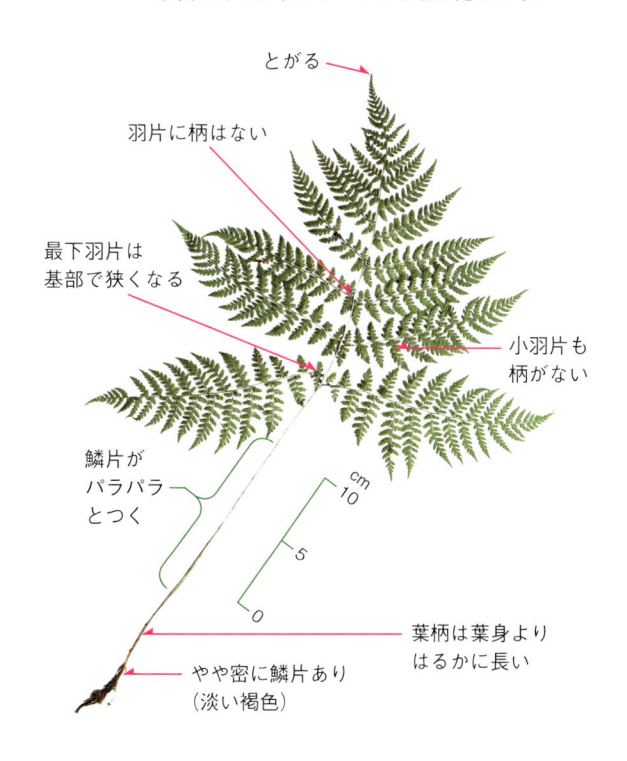

とがる
羽片に柄はない
最下羽片は基部で狭くなる
小羽片も柄がない
鱗片がパラパラとつく
葉柄は葉身よりはるかに長い
やや密に鱗片あり（淡い褐色）

メシダ科メシダ属

サトメシダ *Athyrium deltoidofrons*

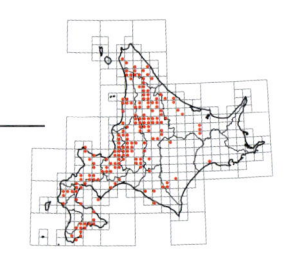

湿った山裾の林縁や草地に株をつくって生える夏緑性のシダ。葉は大きく，葉柄と葉身はほぼ同長，葉柄を含め長さ1mほどになる。3回羽状深〜全裂し，最下羽片は短くならないので葉身は全体三角形〜卵状三角形となる。全体に無毛で薄い紙質。羽片の分かれる角度はやや小さい。羽片や小羽片間の間隔が開いてスカスカ感がある。分布は北〜九。道南でよく目にする。

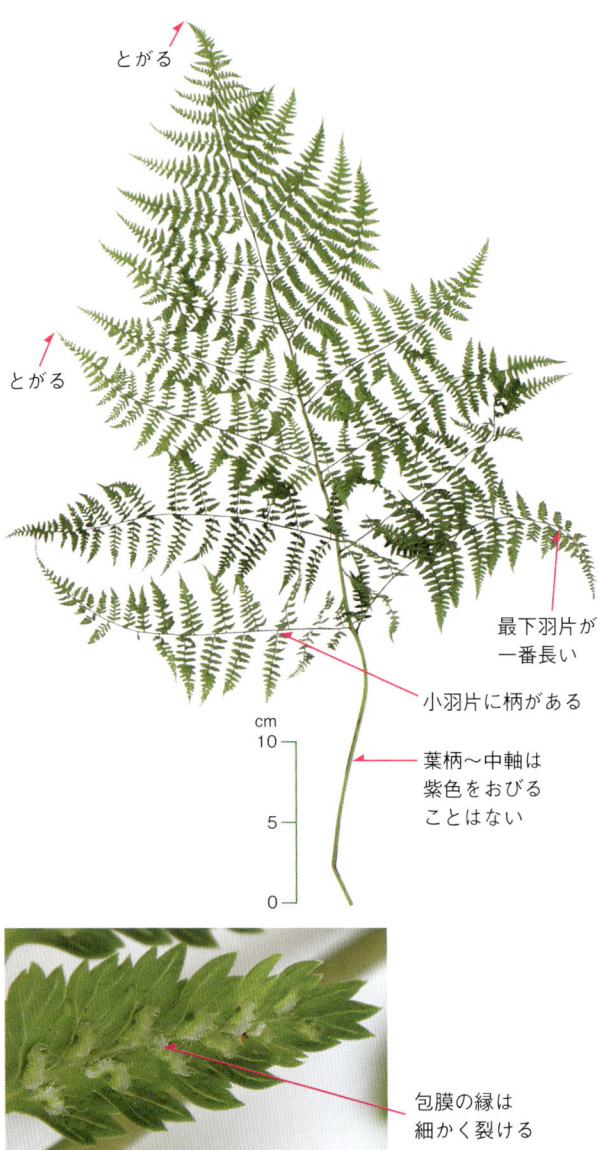

生長した姿。小羽片が垂れ下がり気味。8月1日に札幌市・手稲区で

伸びきっていない葉の姿。小羽片が長いのがよくわかる。8月5日に松前町で

とがる

とがる

最下羽片が一番長い

小羽片に柄がある

葉柄〜中軸は紫色をおびることはない

包膜の縁は細かく裂ける

葉裏のソーラスは裂片の中央部につく

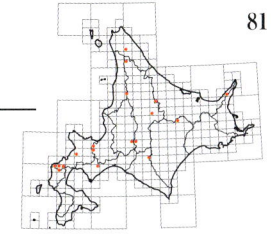

コシノサトメシダ *Athyrium neglectum*

サトメシダに似て葉身はほぼ三角形だが、小形でふつう葉柄は葉身よりも長い。山地の湿った林内や林縁に生える。小羽片に柄がない。葉の質は薄く硬い感じがする。分布は北〜本(中部以北)。積雪の多い日本海側の山地に多いようだが、大雪山や日高山脈でも見ている。

葉裏のソーラス

短い根茎からまとまって葉が出ている状態。7月28日にニセコ山系・長沼のほとりで

芽生えの姿。6月22日に夕張岳で

とがる
羽片に柄がある
この羽片が最長
小羽片に柄はなく、このあたりのものは対生する
葉柄と中軸は緑色

メシダ科メシダ属

ヤマイヌワラビ *Athyrium vidalii*

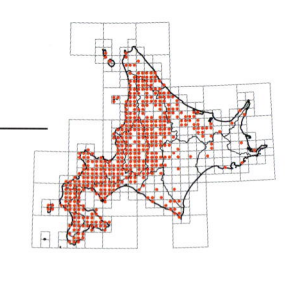

林下や林縁に生える夏緑性のシダ。少数の葉が株をつくる。葉は葉柄を含めて長さが50cm以上になり、卵形ないし三角形状卵形で硬い草質。葉柄や中軸はふつうにぶい紫色をおびる。羽片に柄がないかわずかにある。分布は北～屋久島。

登山道の脇でよくこのような株を見かける。8月2日に夕張岳で

芽生えの姿。6月23日に夕張山系・崕山で

葉を開きつつある姿。5月3日に奥尻島で

とがる

小羽片は無柄

この羽片が最長とならない

葉柄は紫色をおびる

根茎

紫色をおびる中軸

包膜は三日月～馬蹄形

葉裏のソーラス

最下の裂片は羽軸にかぶさらない

羽軸も紫色をおびる

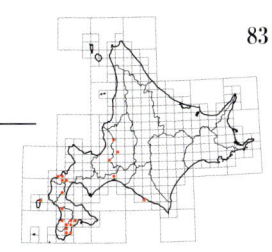

メシダ科メシダ属

カラクサイヌワラビ *Athyrium clivicola*

→ ヤマイヌワラビ

→ ミヤマシダ

ヤマイヌワラビによく似た夏緑性のシダ。明るい林内に生え，あまり大きくはなく，葉は明るい緑色なので見当をつけやすい。葉柄や中軸は紅紫色をおびる。分布は北〜屋久島。南方系のシダのようで，道内での分布は道央以南に限られるようである。

落葉樹林下でヤマイヌワラビと混生していた。5月30日に厚沢部町レクの森で

とがる

包膜は三日月状で背中合わせ状につく

最下裂片が耳たぶ状になって羽軸にかぶさる

葉裏のソーラス

この部分の羽片が急に短くなる

とがる

羽片に柄がある

葉柄は葉身より短く，紫色をおびる

葉が開きつつある姿。6月5日に江別市・野幌森林公園で

エゾメシダ　*Athyrium sinense*

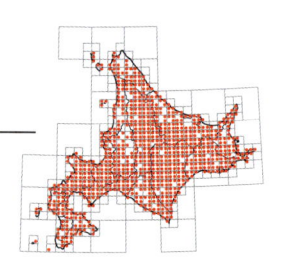

山地の湿った林内や草地に株をつくって生える，この属としては大形の夏緑性のシダ。葉は葉柄を含めると長さが1m近くになる。葉柄は緑色〜赤褐色で茶色〜茶褐色の鱗片がつく。下部の羽片は多少短くなるので葉身は長楕円形状。分布は北〜本（中部以北）。

根茎から葉を何枚も出して立派な株をつくる。7月21日十勝連峰・原始ヶ原入り口で

包膜の縁は細かく裂ける

葉裏のソーラス

とがる

葉は無毛で草質

小羽片には柄がない

鱗片はおおむね茶褐色

下部の羽片が短くなる

葉柄が赤褐色タイプの芽生え。6月6日に礼文島で

葉柄が緑色タイプの芽生え。6月22日に夕張岳で

メシダ科メシダ属　　　　　　　　　　　　　　85

ミヤマメシダ　*Athyrium melanolepis*

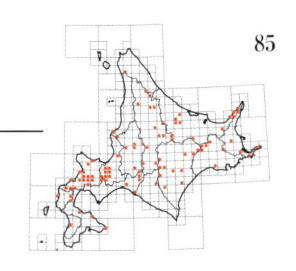

外形が前掲の**エゾメシダ**そっくりの夏緑性のシダで，やや高所に生える。なかなか見分けが難しいが，葉柄が葉身の半分以下と短く，その葉柄には光沢のあるねじれた黒色の鱗片がつくことなどがポイントだろうか。分布は北～本（中部以北と鳥取県）。

包膜は半月～鉤形で縁が細かく裂ける

葉裏のソーラス

亜高山帯に何枚もの葉がロートをつくる形で生えていた。8月18日に増毛山系・暑寒別岳で

とがる

葉は無毛で草質

とがる

この羽片は短い

羽片に柄はない

葉柄は短く黒色の鱗片がつく

ときに紫紅色をおびることもある

芽出しの姿。黒い鱗片が魅力的！　この鱗片は光沢があってやや硬く，ねじれる。6月15日に島牧村・狩場山で

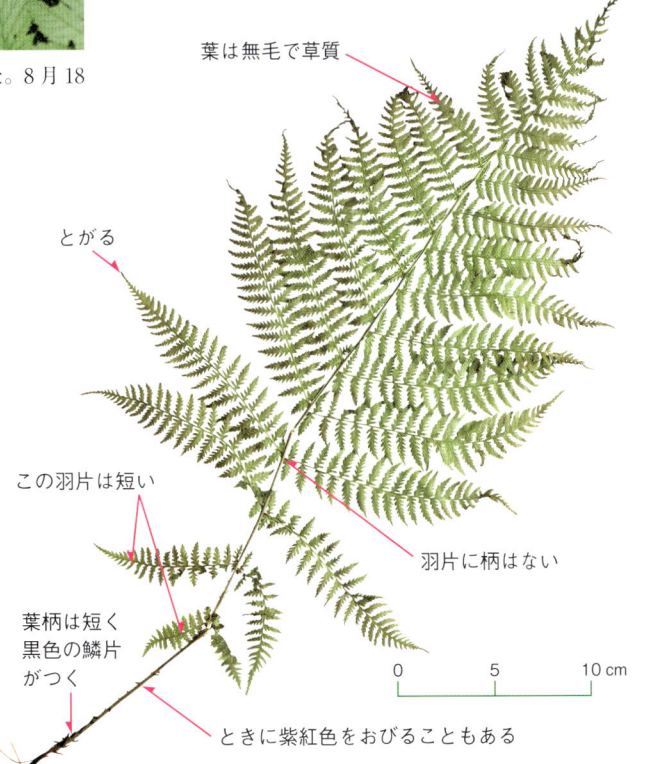

メシダ科メシダ属

オクヤマワラビ *Athyrium alpestre*

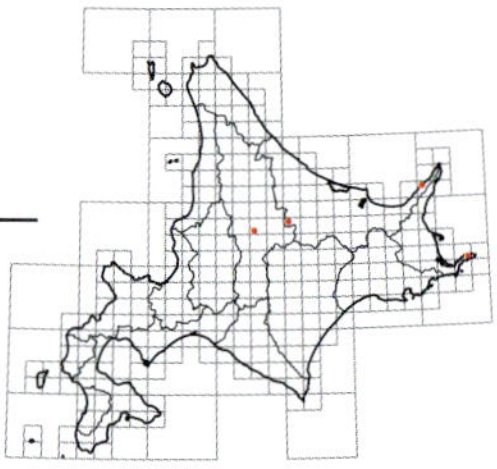

亜高山〜高山の湿った草地や礫地に株をつくって生える夏緑性のシダ。葉は葉柄を含めてふつう50cm以上になり，葉柄の長さは葉身の半分ほど。羽片はやや鋭角につき斜上する。下部の羽片は短くならない。小羽片は細くて深い切れ込みがある。一応胞膜があるが小さくてソーラスに埋もれているので，確認しにくい。分布は北〜本(中部以北)。大雪山や知床山系・羅臼岳などで見られる。北大雪，平山の沢源頭は群生地となっている。

雪の解けた跡に群生する姿。8月4日に表大雪で

葉裏のソーラス 　　葉柄上の鱗片

雪解け水の流れるほとりでの芽生え。8月2日に表大雪で

葉の開いた状態。8月6日に表大雪で

とがる →
葉は草質
小羽片の裂片は先がとがらない
小羽片は細長い
この角度がメシダ属ではとても小さい

メシダ科メシダ属

イワイヌワラビ　*Athyrium nikkoense*

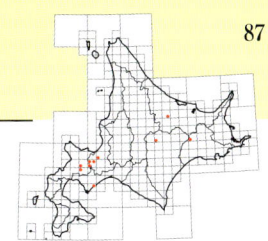

山地の岩場に生える夏緑性のシダ。次の2種と共に小形のメシダ属3姉妹といえそう。末っ子に当たる本種の葉は羽状に裂け，羽片は羽状に浅～中裂。岩場に生える姿は一見**フクロシダ**(P.72)や**ニオイシダ**(P.110)などに似ている。分布は北～本(中部以北)。分布域は広いが生育地は少ない。著者は札幌市定山渓奥白井川沿いの岩場と釧路市雄阿寒岳中腹でしか見ていない。

日の当たらない針葉樹林下の岩場に生える姿。8月18日に釧路市・雄阿寒岳中腹で

包膜は円腎形～鉤形

葉裏のソーラス

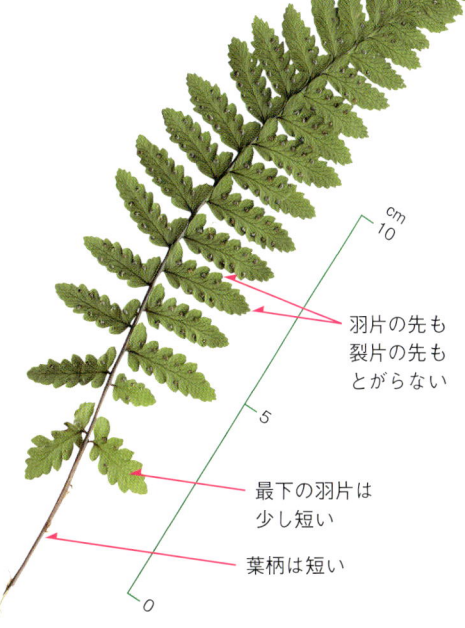

羽片の先も裂片の先もとがらない

最下の羽片は少し短い

葉柄は短い

川沿いの岩壁に生える姿。この岩壁には日が当たる。8月22日に札幌市・南区白井川沿いで

ミヤマヘビノネゴザ *Athyrium rupestre*

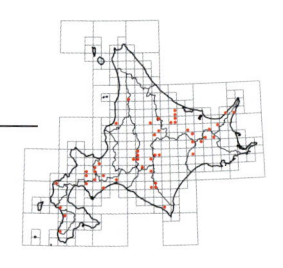

小形メシダ属3姉妹の次女で葉は長さ30 cmほど。山地の岩場やその周辺に生え，葉柄と中軸はふつう紅紫色。葉身は2回羽状深裂し，下部の羽片ははっきりと短くなる。分布は北〜本（中部以北）。

葉裏のソーラス。裂片の縁寄りにつき包膜は楕円形〜鉤形，縁に糸状の突起がある

いかにも"深山"らしい雰囲気の環境に生えていた。6月30日に苫小牧市・風不死岳で

秋，一部の葉が枯れ始めた。9月15日に千歳市・恵庭岳で

芽生えのときは結構賑やか。5月8日に千歳市・恵庭岳で

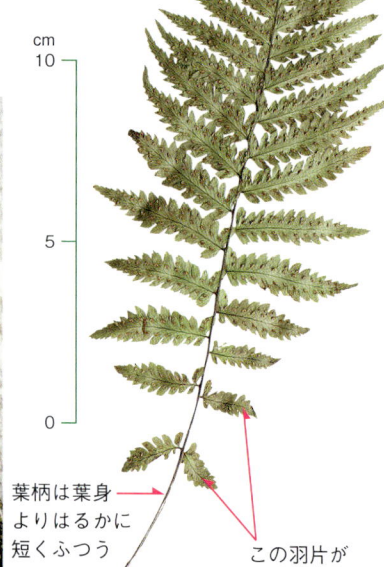

葉柄は葉身よりはるかに短くふつう紫紅色

この羽片がはっきりと短い

メシダ科メシダ属

ヘビノネゴザ *Athyrium yokoscense*

小形メシダ属3姉妹の長女に当たり，変異の大きなシダ。ふつう山地に株状となって生えるが急斜面では垂れ下がる形となる。葉は長さが30cmほど，質は薄く浅い緑色，2回羽状深〜全裂，小羽片は鋭頭。高山草原に生えるものは1回羽状に分かれる形となる。下部の羽片はあまり短くならず，葉柄基部には縦縞模様の鱗片がある。分布は北〜九。

樹林下の急斜面に垂れ下がるように生える姿。6月16日に苫小牧市・錦大沼で

何枚もの葉を立てて生える姿。8月8日に浦河町で

芽生えから葉を伸ばしていく姿。5月15日に登別市・カムイヌプリで

葉柄基部の鱗片

包膜は全縁

葉裏のソーラス

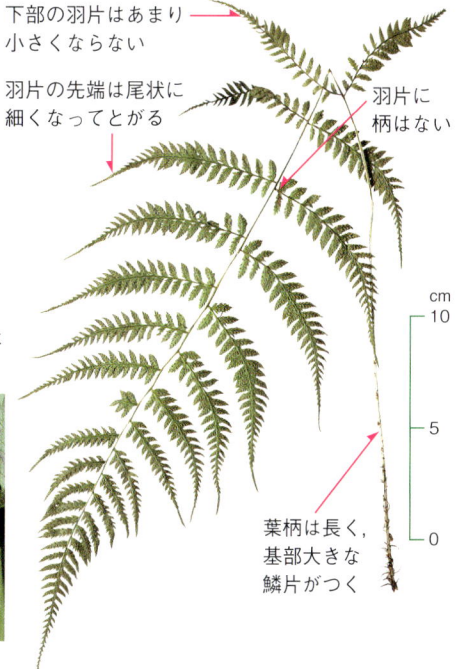

下部の羽片はあまり小さくならない

羽片の先端は尾状に細くなってとがる

羽片に柄はない

葉柄は長く，基部大きな鱗片がつく

メシダ科オオシケシダ属

オオメシダ *Deparia pterorachis*

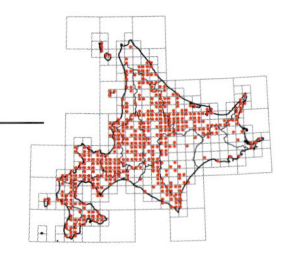

低地〜山地林内の湿った所，特に沢沿いでよく見かける夏緑性で大形のシダ。斜上する根茎は塊状となって葉は株立ち状となって出る。葉柄は太く基部は膨らみ，褐色の鱗片が密生する。葉はやや厚みと硬さがある草質で，長さ80cmほどで2回羽状深裂し，小羽片は中〜深裂する。ソーラスは楕円形で包膜の縁は細かく裂ける。分布は北〜本（中部以北）。

葉が伸びてちょっとした茂みをつくる。7月31日に夕張岳で

大きな鱗片をつける芽生え。4月24日に札幌市・藻岩山で

谷川のほとりでぐんぐん大きくなる。6月13日に札幌市・手稲山で

葉裏のソーラス

基部太くなり鱗片は密生

葉柄は太く淡褐色の鱗片はまばらにつく

羽片の基部は少し狭くなる

下部の羽片は少し短くなる

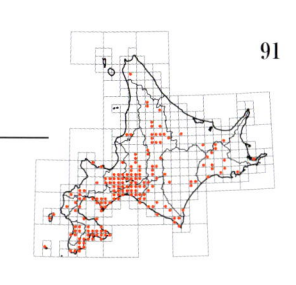

メシダ科オオシケシダ属

ホソバシケシダ *Deparia conilii* var. *conilii*

低地～山地の林内に生える夏緑性で小形のシダ。地中に伸びる根茎から葉を出し，株立ち状にはならない。葉は草質で，おおむね披針形でやや二形，胞子をつけない葉は葉柄が短く，つける葉は長さ20cm前後で柄の方が長い。ソーラスは長楕円形，包膜は無毛。分布は北～九。

葉裏のソーラス。長楕円形で包膜の縁は裂ける

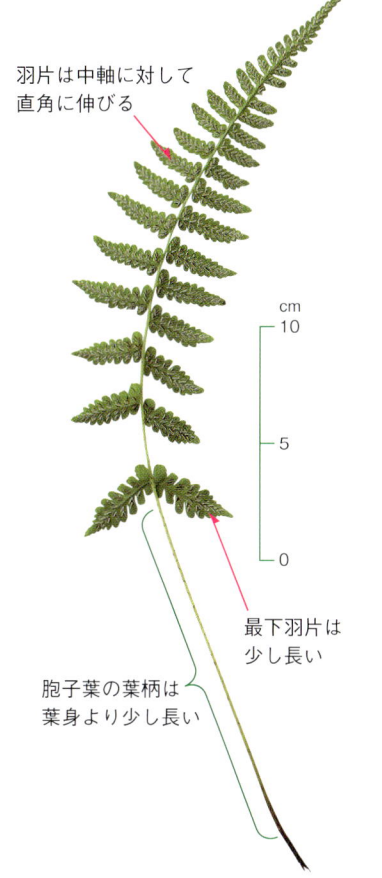

群生する姿。根茎が長いのでこのような景観をつくる。6月5日　札幌市・砥石山で

葉柄の長い胞子葉が立ち上がっている。6月27日　江別市・野幌森林公園で

毛が目立つ芽生えの姿。6月24日に札幌市で

とがる

羽片は中軸に対して直角に伸びる

最下羽片は少し長い

胞子葉の葉柄は葉身より少し長い

ミヤマシケシダ *Deparia pycnosora*

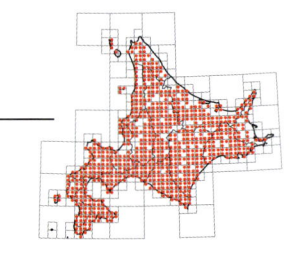

山地の林内に生える夏緑性のシダ。根茎は斜上ないし直立して葉は株をつくるように出る。基部が膨らむ葉柄は**ウスゲミヤマシケシダ**(P.93)や**ハクモウイノデ**(P.94)の2者に比べて細い(最下羽片付近で径1mmほど)。葉は二形で栄養葉が四方に広がった後に胞子葉が立ちあがる。葉身は長さ30cm前後で2回羽状深裂,上部に鱗片や毛はほとんどない。ソーラスは長楕円形で包膜はほぼ全縁。分布は北〜本。

広葉樹林下,栄養葉が地表を被うように伸びた後,胞子葉が立ちあがる。8月16日に札幌市・有明で

初夏の姿。まず栄養葉が伸びる。5月24日に札幌市・西岡公園で

葉裏のソーラス
このあたりはほぼ無毛
胞子葉
栄養葉
葉柄は細く径は1mmほど
根茎

メシダ科オオシケシダ属

ウスゲミヤマシケシダ（オオミヤマシケシダ）　*Deparia mucilagina*

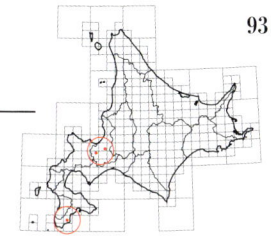

かつて**ミヤマシケシダ**の変種として扱われていたもので，大形のミヤマシケシダと認識されていたようだ。葉身は長さ50〜70cmと大形。葉柄が太く（最下羽片付近で径2mmほど）長く，基部は分泌された粘液でベタベタすることなどで区別がつく。沢沿いなど湿気が多い所が好みのようである。別名オオミヤマシケシダは芹沢俊介先生が提唱しているもの。こちらの方が適切だと思う。分布は北〜本。

ロート状に広がる栄養葉に囲まれて若い胞子葉が立ちあがる。
7月24日に福島町・千軒で

葉裏のソーラス

栄養葉の比較。ウスゲ（右）とミヤマ（左）。6月5日に江別市・野幌森林公園で

葉柄，中軸が"ウスゲ"の株

葉柄基部は粘液でベタベタしている

下の羽片は短くなる
葉柄の径は2mmほど
ウスゲミヤマシケシダ

葉柄の径は1mmほど
ミヤマシケシダ

胞子葉の比較

ハクモウイノデ *Deparia orientalis*

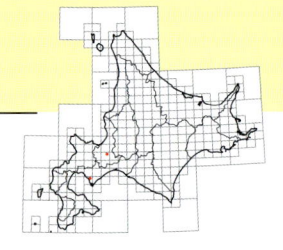

和名はこれまで**ミヤマシケシダ**(P.92)の別名として扱われていたようだが，まったくの別種である。**ウスゲミヤマシケシダ**(P.93)と同様に大形だが葉柄がさらに太く（最下羽片付近で3mmほど）短く（葉身の1/3〜1/2ほど），基部はべたつかず，葉柄や中軸には秋口まで鱗片が密生して目立つ。特に春は鱗片が白毛のように輝いて美しい。低地〜低山の林内に生える。分布は北〜九。

秋なのに白い毛（鱗片）が目についた。10月5日に伊達市・稀布で

前掲2種なら栄養葉と呼びたい形だが，これは胞子葉

羽片間隔が短い

下の羽片は短くなる

葉柄は太くこのあたりで径3mmほど

葉柄は短い

基部はウスゲミヤマシケシダのようにべとつかない

芽生えのムードはミヤマシケシダとはだいぶ異なる。5月11日に伊達市・稀布で

葉柄の毛（鱗片）。10月5日に伊達市・稀布で

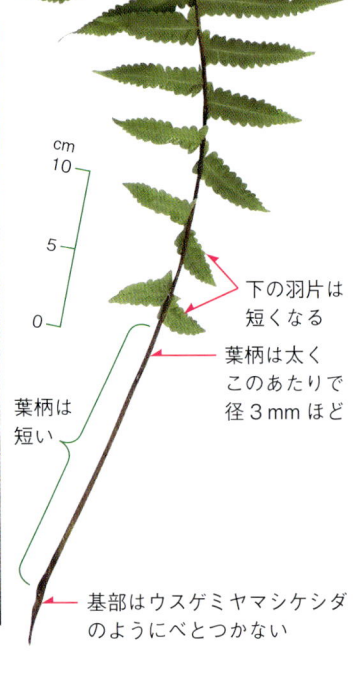

メシダ科シケチシダ属

イッポンワラビ（オオミヤマイヌワラビ）　*Cornopteris crenulatoserrulata*

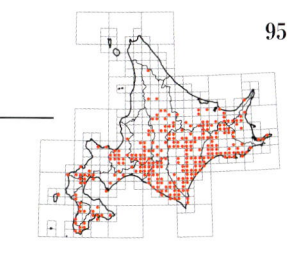

山地の林内に生える夏緑性でやや大形のシダ。地中を伸びる根茎からややまとまって葉を出す。葉は草質で軟らかく，若芽を山菜として利用する地方もあるという。葉身は長さ50cmほどで3回羽状深裂し，最下羽片基部の小羽片は極端に小さい。ソーラスは円形で包膜はない。分布は北〜本（中部以北，鳥取）。

イッポンとは株立ちにならないという意味だろう。群生するのがふつうのようだ。6月17日に札幌市・砥石山で

芽生えの姿

伸びつつある葉。軟らかくて食べられそうな感じだ。5月15日に登別市で

葉裏のソーラス

鋭くとがる

葉柄はやや太く，鱗片がある

これらの小羽片が極端に小さくなる

キタノミヤマシダ *Diplazium sibiricum* var. *sibiricum*

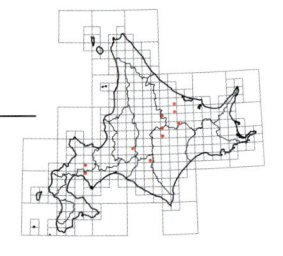

山地～亜高山帯の林内に生える夏緑性で中形のシダ。地中に伸びる根茎から葉を出すので株立ち状にはならない。葉身は長さ15～30 cm，3回羽状に深～全裂し，小羽片は深～全裂。葉柄から中軸にかけては黒っぽい光沢のあるねじれた鱗片が目立つ。ソーラスは広線形で包膜の縁が細かく不規則に裂ける。分布は北～本(中部以北)。

亜高山の樹林下にまとまって生えていた。7月30日に東大雪山系・ユニ石狩岳で

芽生えどき鱗片が目立つ。6月22日に夕張岳で

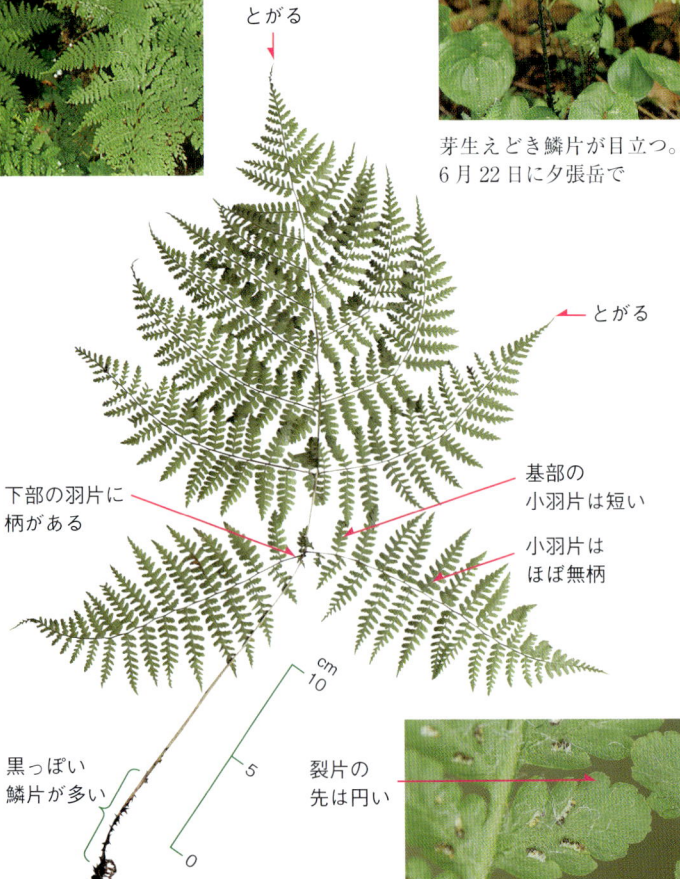

とがる

とがる

下部の羽片に柄がある

基部の小羽片は短い

小羽片はほぼ無柄

黒っぽい鱗片が多い

裂片の先は円い

1枚の葉の姿。8月12日に東大雪山系・ユニ石狩岳で

葉裏のソーラス

ミヤマシダ *Diplazium sibiricum* var. *glabrum*

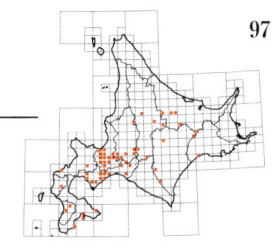

キタノミヤマシダの変種で標高の低い山地の林床に生える。ソーラスは広線形で包膜は全縁か細かい鋸歯縁。小羽片はやや大きく切れ込みもより浅い。前・後の2種と共にノコギリシダ属3兄弟といえそうな関係。この種は二男。分布は北〜四。

裂片の先は円い

葉裏のソーラス

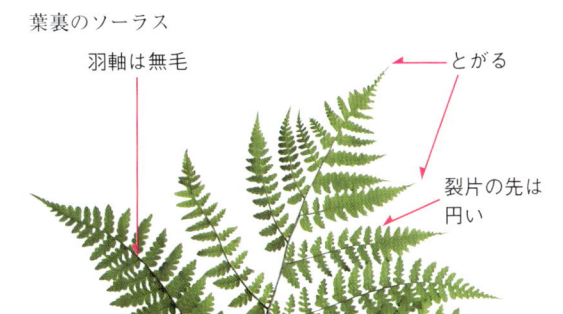

羽軸は無毛
とがる
裂片の先は円い
小羽片はほぼ無毛
長い柄がある
鱗片はまばらにつく
黒っぽい鱗片が目立つ

葉が開くのは早く，5月下旬でこの姿。5月23日に登別市・カムイヌプリで

根茎が長く地中に伸びるので，ときどきこのような群生を見る。5月22日に札幌市・豊平山で

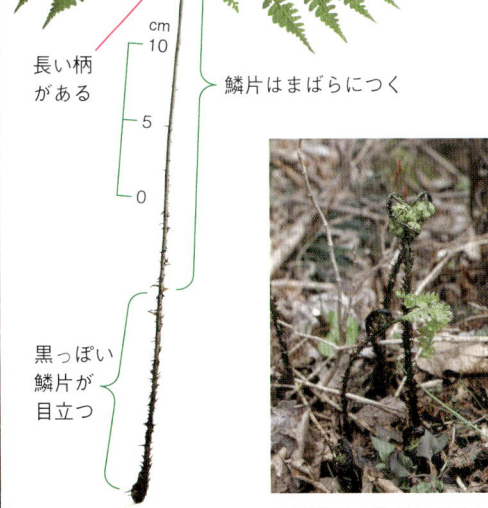

こげ茶色の鱗片に被われた芽生え。5月7日に函館市・函館山で

メシダ科ノコギリシダ属

キヨタキシダ *Diplazium squamigerum*

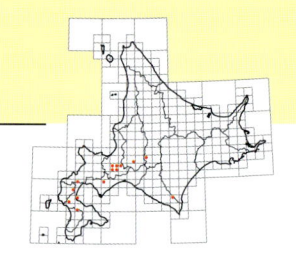

ミヤマシダ(P.97)や**キタノミヤマシダ**(P.96)によく似たシダで林内の湿った所に生え，より大形。根茎が短いので葉はある程度まとまって出る。小羽片はより大きく裂け方も浅く，前2種よりもずんぐりした感じ。ソーラスは広線形で，包膜の縁にはわずかに鋸歯がある。これはノコギリシダ属の長男か。北海道ではあまり見かけないシダのようだ。分布は北～九。

沢沿いの芽生え。5月12日に札幌市・有明で

葉裏のソーラス

登山道脇で見つけた株。葉は周囲より飛びぬけて明るい緑色。6月21日に乙部町・乙部岳で

秋の葉。表側からもソーラスが透けて見える。10月12日に乙部町・乙部岳で

とがる

このあたりにも黒い鱗片がつく

葉柄は前2種に比べて短い

下部の羽片に柄がある

黒く硬い鱗片が目立つ

ホソバナライシダ（ナライシダ） *Leptorumohra miqueliana*

山地の林床に生える夏緑性のシダ。根茎は地中に伸びるが葉はややまとまって出る。葉は薄い草質で全面に毛があり光沢がない。葉身は長さ40cm以上になり、五角形状で3〜4回羽状深裂。葉柄から中軸にかけて淡い褐色の鱗片があり、小羽軸には袋状の鱗片がある。分布は北〜九。

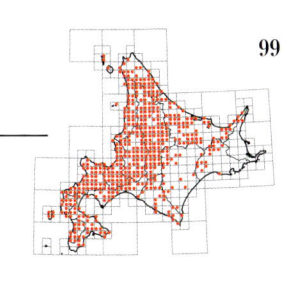

葉裏のソーラス

袋状の鱗片

葉は周囲の緑に比べて一段と明るい。6月30日に札幌市・手稲山で

鱗片の様子がよくわかる芽生えの姿。5月20日に遠軽町で

とがる

とがる

とがる

羽片に柄がある

葉柄は葉身とほぼ同長

この羽片が一番大きく基部の小羽片が極端に大きい

淡褐色の鱗片が多くつく

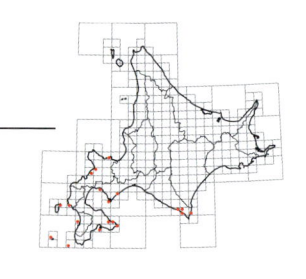

オニヤブソテツ *Cyrtomium falcatum* subsp. *falcatum*

海岸の岩場に生える常緑性のシダ。根茎は塊状で株立ち状となる。葉は硬く厚い革質で表面には光沢があり，長さ20〜50 cm。羽片は先端が尾状に尖り，ふつう縁には鋸歯がない。ソーラスは円形で葉の裏面全体に散らばる。分布は北（道央以南）〜沖縄。

日陰で不気味な光沢を放つ葉。この個体には所々に羽片の縁が鋸歯状のものが認められる。7月20日に松前町の海岸で

初々しい姿の芽生え。5月28日に江差町の海岸で（2倍体のヒメヤブソテツの型）

葉裏のソーラスは円形で羽片裏面全体に散らばる（2倍体のヒメヤブソテツの型）

初冬の葉。少し枯れているが，緑色のまま越冬する。11月7日に奥尻島で

頂羽片は深く切れ込むことが多い

先端は尾状になってとがる

羽片に短い柄がある

羽片の基部はほぼ円形

葉柄基部に鱗片が密生する

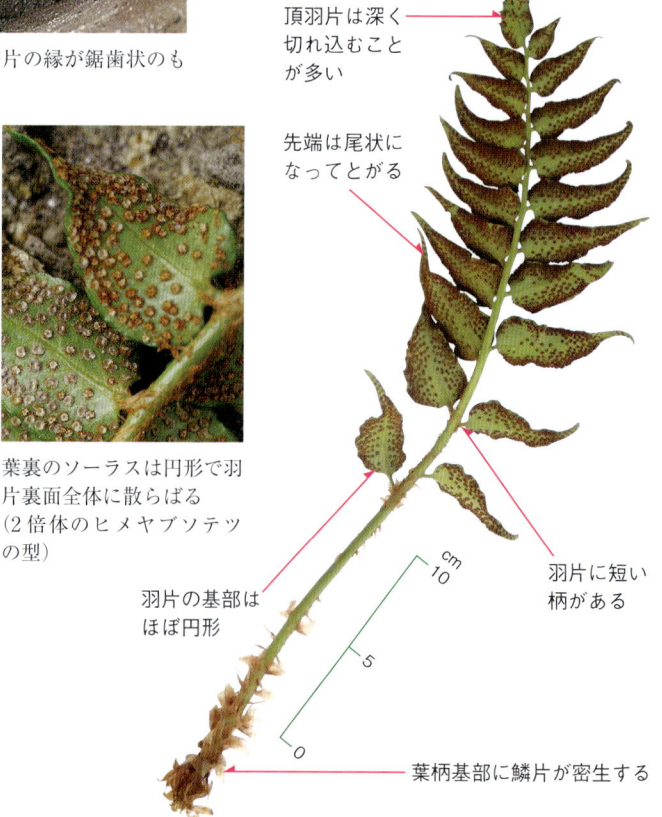

ヤマヤブソテツ *Cyrtomium fortunei* var. *clivicola*

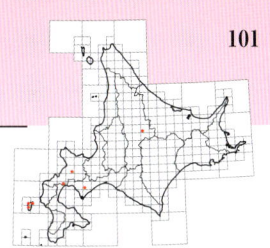

オシダ科ヤブソテツ属

上の分布図は広義のヤブソテツ *C. fortunei* の記録

低地の林内に生える変異の大きな常緑性のシダ。根茎は塊状で葉はまとまって出る。葉は厚い紙質で表面にあまり光沢はない。**オニヤブソテツ**に比べて葉身と羽片がスリムでふつう羽片の基部に耳状突起がある。著者の見た株の羽片の縁に鋸歯があったが，ないものもあるという。分布は北〜九。

岩下に生えていた株。葉がほぼ伸びた姿。色は黄色をおびたような。6月1日に奥尻島で

葉裏のソーラス

芽生えから葉を伸ばしつつある姿。5月1日に奥尻島で

鋸歯

葉はほとんど光沢がなく，鋸歯がある。8月15日に奥尻島で

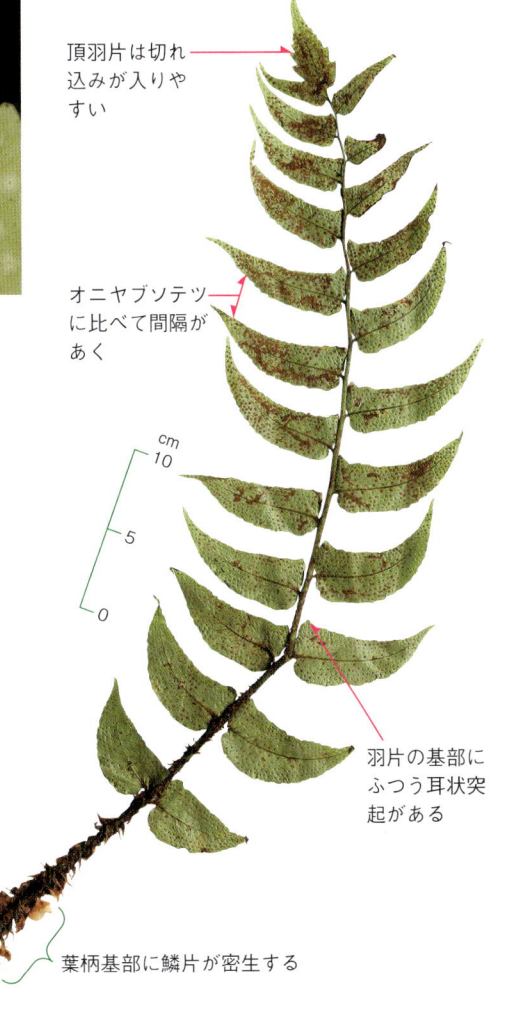

頂羽片は切れ込みが入りやすい

オニヤブソテツに比べて間隔があく

羽片の基部にふつう耳状突起がある

葉柄基部に鱗片が密生する

オシダ科オシダ属

オシダ（メンマ）*Dryopteris crassirhizoma*

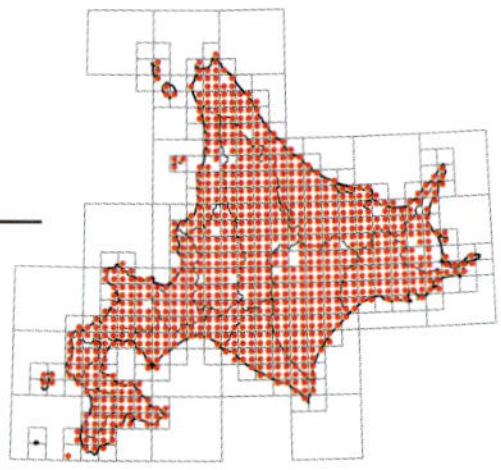

低地〜山地の林床に生える最もポピュラーなシダ。夏緑性とされるが緑のまま越冬する葉も多い。太い根茎が塊状となって直立し，まとまって葉を出し，大きなロート状に広がる。根茎から葉柄，中軸にかけて濃い褐色の鱗片が密生する。葉は革質だがやや軟らかく，表面は光沢があり，長さ1m前後。小羽片の先は尖らない。ソーラスは葉の上半分ほどにつく。分布は北〜四（剣山）。

斜面を埋めるような群生。よく目にする景観だ。6月9日に札幌市・砥石山で

葉をロート状に広げた1株。7月28日に天塩岳で

葉裏のソーラス

ぐんぐん伸びる葉。
5月10日に様似町で

鱗片だらけの芽生え

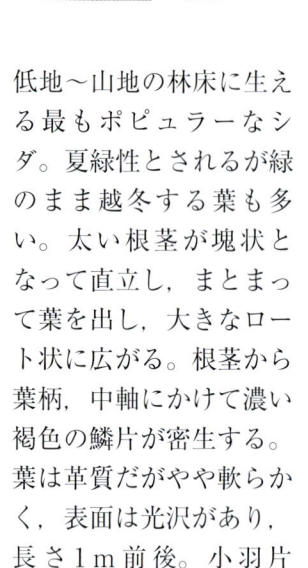

羽片の先端はとがる

中軸にも鱗片が密につく

羽片どうしの間隔は狭い

小羽片（裂片）の先はとがらない

葉柄下部には鱗片が密生する

羽片に柄はない

下部の羽片は短くなる

0　5　10 cm

オシダ科オシダ属

カラフトメンマ *Dryopteris sichotensis*

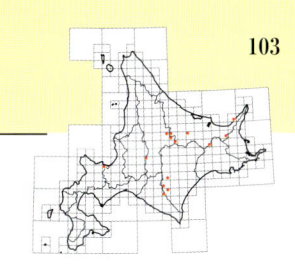

山地〜亜高山帯の林床に生える夏緑性のシダ。葉身が2回羽状深〜全裂する点では**オシダ**によく似るが，鱗片はよりまばらで，淡い褐色。葉は厚い紙質で表面に光沢がない。小羽片は先がやや尖り，隣との間隔が広い。葉は晩秋には枯れる。分布は北〜本(中部以北)。

針葉樹林帯の林下に生えていた株。8月18日に大雪山・高原温泉で

芽生えの姿。オシダに比べて鱗片が少ない

葉が開き切る前の姿。6月26日に夕張山地・芦別岳中腹で

葉裏のソーラス

カラフトメンマ
羽片どうしの間隔は広い
オシダ
羽片に柄はない
中軸に鱗片はまばら
小羽片(裂片)は先がとがらず隣の小羽片との間隔があく

羽片の先端はとがる
葉柄基部には鱗片が密生
下部の羽片は短くなる

混生するオシダと比べると違いがよくわかる。6月28日に日高山脈・剣山で

ミヤマベニシダ *Dryopteris monticola*

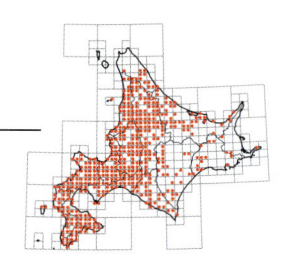

山地の林床に生える夏緑性のシダ。根茎は短く株立ち状となる。葉はやや厚い紙質で表面に光沢がない。葉柄から中軸にかけて濃い茶色の鱗片があり，上部ではまばらにつく。葉身は長さ60cm前後で，小羽片は先がとがらず，縁には先端が芒状となった鋸歯がある。分布は北〜九。

明るい緑色の若い葉が林床を埋める。葉はあまり立ちあがらない。5月21日に札幌市・砥石山で

芽生えの姿。鱗片も目立つが葉柄の肌もわかる。5月15日に札幌市・砥石山で

葉裏のソーラス。小羽片の縁の鋸歯は先端が芒状となる

十分成長した葉。7月16日に様似町・ピンネシリで

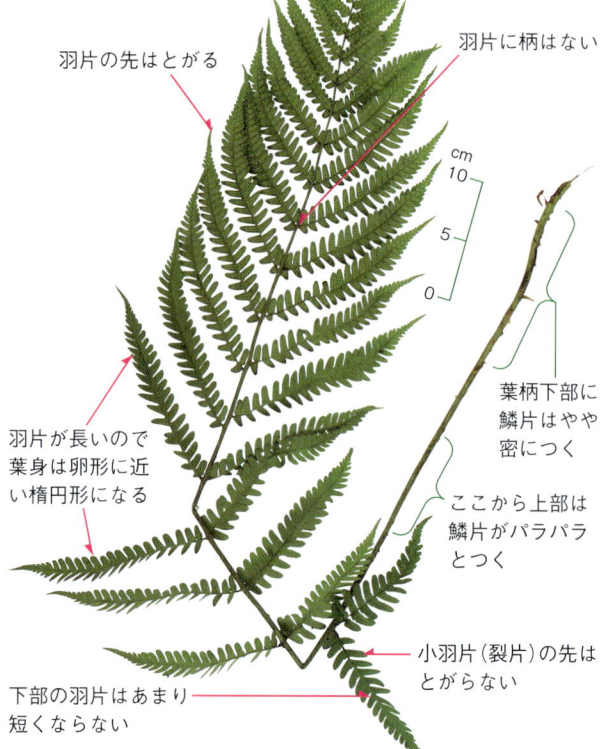

羽片の先はとがる

羽片に柄はない

羽片が長いので葉身は卵形に近い楕円形になる

葉柄下部に鱗片はやや密につく

ここから上部は鱗片がパラパラとつく

小羽片(裂片)の先はとがらない

下部の羽片はあまり短くならない

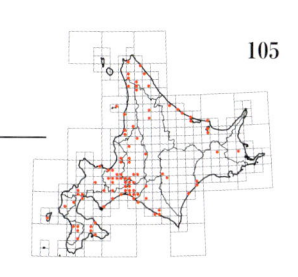

タニヘゴ *Dryopteris tokyoensis*

湿原や林内の湿地に生える夏緑性のシダ。根茎は短く葉は株立ち状となるが、**オシダ**(P.102)のようなロートをつくらずほぼ直立状。葉身は長さ1mほどになり、生長に伴い明るい緑色から濃い緑色となり、羽片の最下裂片が大きく耳状となるのが特徴。分布は北〜九。

谷間の湿地に生えていた株。6月18日に日高町・富川で

葉裏のソーラス

羽片の最下裂片は大きくなる

ぐんぐん伸びる葉。5月26日に函館市・湯の川で

中軸に線形の鱗片がつく

葉柄には茶褐色の鱗片がある

羽片の最大裂片は大きく耳状

葉柄は葉身の半分以下の長さ

羽片はほとんど無柄

下部の羽片は短くなる

晩夏の姿。8月27日に函館市・湯の川で

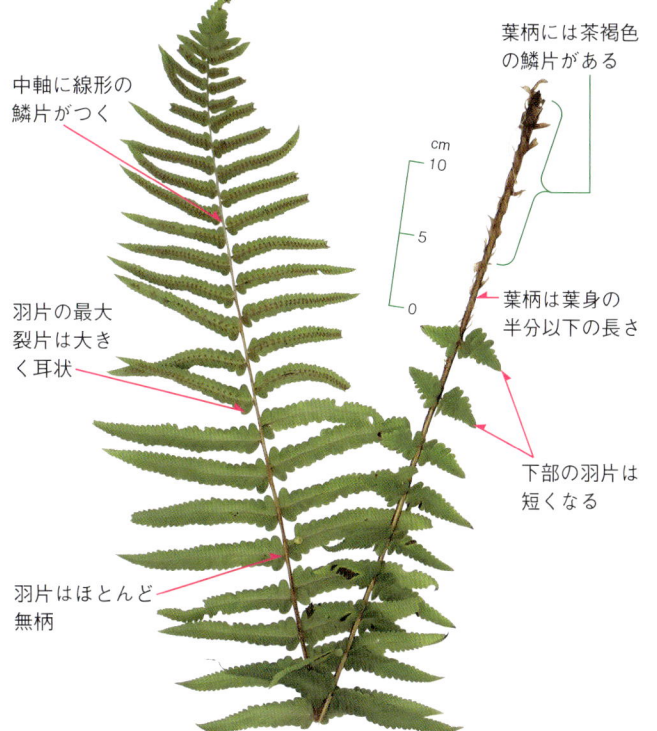

クマワラビ　*Dryopteris lacera*

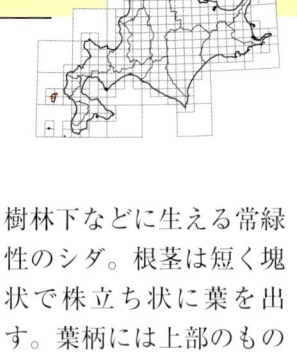

樹林下などに生える常緑性のシダ。根茎は短く塊状で株立ち状に葉を出す。葉柄には上部のものほど濃い褐色の鱗片が密生して熊（ヒグマ？）を想起させる。葉身は長さ40cm前後で1枚の葉がやや二形となり、ソーラスをつける先端部の羽片は縮んで胞子を放出した後は枯れてしまう。分布は北（奥尻島）〜九。

葉の上部が縮小しているので一見してクマワラビとわかる。6月1日に奥尻島東部の林下で

葉裏のソーラス。包膜は円腎形

伸び盛りの若い葉。5月3日に奥尻島で

熊の毛のような（？）鱗片

ソーラスのついた部分が枯れ始めた。8月15日に奥尻島で

この部分が縮小してソーラスがつく

とがる

とがる

葉柄には茶褐色の鱗片が密生する

この羽片は少し短くなるだけ

葉柄は葉身の半分以下の長さ

オシダ科オシダ属　107

ミサキカグマ（ホソバイタチシダ）　*Dryopteris chinensis*

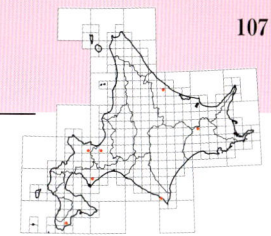

低山の林地などに生える夏緑性のシダ。短い根茎から葉がまとまって出る。葉柄は細くて硬く淡い緑色。葉身は五角形状広卵形で長さ20cm前後，3回羽状深裂し，小羽片に短い柄があり，葉脈は窪まない。道内では少なく，著者は1か所でしか見ていない。分布は北（南部）〜九。

葉裏のソーラス。裂片の縁寄りにつき包膜は全縁

葉柄の鱗片。黒褐色のものが多い

高圧送電線下の明るい所に生えていた。7月23日に様似町・ルサキで

羽片の先端はとがる

羽片にはっきりした柄がある

葉柄は硬くて折れやすい

結構鱗片がつく

伸びつつある葉

0　　5　　10 cm

オシダ科オシダ属

ミヤマイタチシダ *Dryopteris sabae*

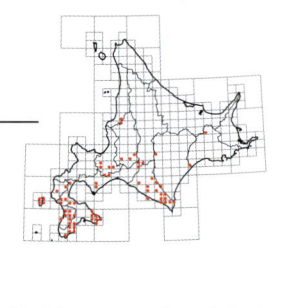

胞子をつける葉

山地の林床に生える夏緑性のシダだが越冬する葉もある。根茎は斜上して株立ち状に葉を出す。葉は紙質で表面には光沢があり，葉脈が窪み，やや二形，葉身は長さ40cm前後で上部は2回羽状全裂，下部は3回羽状深裂。胞子をつける葉は直立気味で羽片の間隔が広い。ソーラスは葉身の上半分につき，その部分は胞子を放出すると枯れる。分布は北〜屋久島。

葉裏のソーラス。包膜は全縁

樹林下で光沢のある葉を見せてくれた。6月21日にアポイ岳で

胞子をつけない葉

芽生えの姿。5月1日に奥尻島で

間隔が広い

この部分の羽片にソーラスがつき胞子を放出すると枯れる

間隔が狭い

この小羽片が特に大きい

鱗片が密生

胞子のつかない葉

葉柄は葉身の半分くらいの長さ

胞子をつける葉

伸びつつある葉。5月22日に奥尻島で

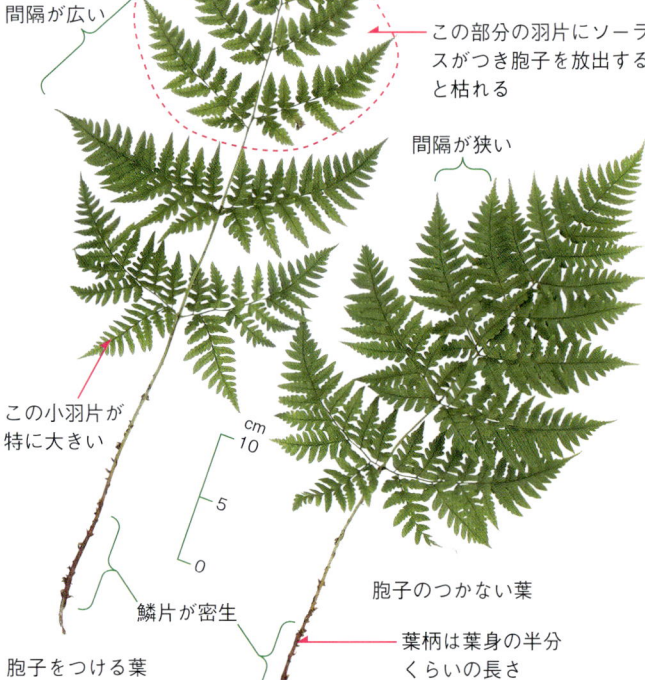

イワイタチシダ *Dryopteris saxifraga*

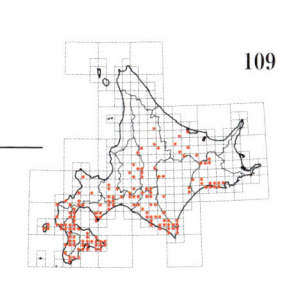

山地樹林中の日陰になる岩場に生える常緑性のシダ。根茎が斜上して葉がまとまって出る。葉は厚い革質で表面はあまり光沢がない。葉身は長さ20〜30 cm，2回羽状浅〜全裂。葉柄から中軸にある黒褐色の鱗片はやや下向きにつき，弓なりに曲がって先は上を向く。よく似た**ヤマイタチシダ** *Dryopteris bissetiana* は鱗片が斜め上を向いてつき，道央以南に記録がある。

沢沿いの湿った岩に生えていた。10月25日に江差町で

冬を越した姿。5月7日に函館市・函館山で

葉裏のソーラスは円形で包膜は大きい

葉柄，中軸の鱗片。イワイタチシダ（左）とヤマイタチシダ？（右）

11月6日に江差町の山中で見たイワイタチシダ（左）とヤマイタチシダ？（右）

とがる

羽軸につく鱗片の基部は袋状

羽片に葉柄あり

葉柄は短く葉身の半分以下

葉柄には黒い線形の鱗片が密につく

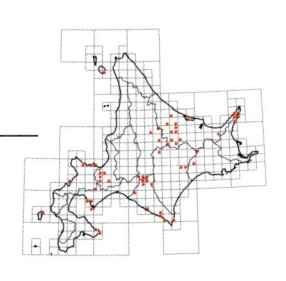

ニオイシダ *Dryopteris fragrans*

山地の岩場に生える小形で常緑のシダ。見かけはオシダ属らしくない姿。斜上する根茎から葉がまとまって出，基部に前年の枯葉が丸まって残るのがよい特徴。葉は軟らかい紙質で厚みもある。葉身は長さ10〜15cm，2回羽状に深裂。ソーラスの包膜は大きく，互いに重なり合う。種小名は"香りのある"という意味だが，まだそのような株に出会っていない。

葉裏のソーラス。包膜が大きくて互いに重なり合い，ときに小羽片からはみ出すこともある

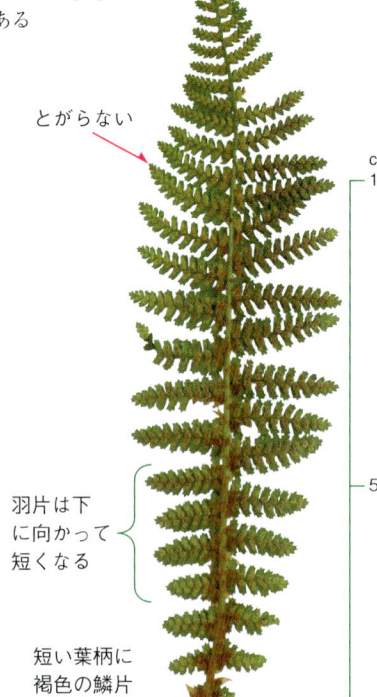

厳しい断崖にチャボカラマツやアサギリソウなどと共に生える。7月31日に札幌市・八剣山で

正面から見た姿。7月25日に札幌市・八剣山で

前年の葉

葉がまだ伸びきらない姿。6月24日に上川町・朝陽山で

とがらない

羽片は下に向かって短くなる

短い葉柄に褐色の鱗片が密生する

オシダ科オシダ属

イワカゲワラビ *Dryopteris laeta*

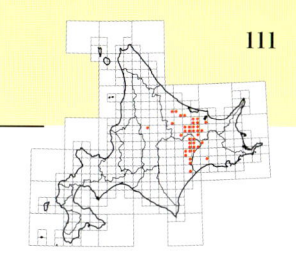

低山の林内や林縁に生える夏緑性のシダ。地中を伸びる根茎から葉が接近して1本ずつ出る。葉身は長さ40 cm前後で3回羽状深裂して姿は**シラネワラビ**(P.112)や**オクヤマシダ**(P.113)に似ているが、最下羽片基部の下側小羽片は次の小羽片よりも小さい。葉は草質で、葉柄の鱗片は落ちやすい。分布は北〜本(中部以北)。

道路脇の急斜面にヤチスギナと共に生えていた。7月26日に足寄町・上足寄で

ヤチスギナ

芽生えの姿。5月8日に札幌市(植栽)

葉裏のソーラス。包膜の縁は一定していない

裂片の鋸歯の先は芒状になってとがる

とがる

小羽片には柄がない

この羽片は少し短い

この小羽片が一番小さい

下部の羽片に柄がある

薄茶色の鱗片がついていたが落ちてしまった

針広混交林の林縁に生えていた株。6月13日に陸別町で

シラネワラビ *Dryopteris expansa*

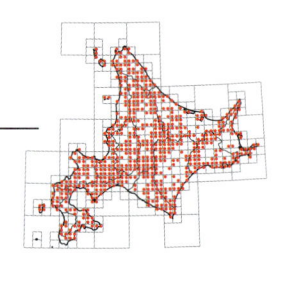

低地から亜高山帯の林内に生える夏緑性のシダで，**オシダ**（P.102）と共に最も目にする機会が多い。葉は草質で黄色味が強い緑色。葉身は三〜五角形状の長楕円形で長さ数十cm〜1m以上になることもあり，3回羽状深裂で，斜めに立ちあがる。葉柄には褐色の鱗片が密生する。裂片には先端が芒状になる鋸歯がある。分布は北〜九。

落葉広葉樹林下に生えていた株。6月15日に札幌市・藻岩山で

芽生えどきの姿。葉はまとまって出る。
5月26日に札幌市・定山渓で

葉柄の鱗片

シラネワラビ

先が芒状になる

葉裏のソーラス

とがる

小羽片に柄はない

亜高山帯近い環境に生えるよく似たホタカワラビ（シラネワラビとオクヤマシダとの交雑種）と推定される株と混生。6月20日に札幌市・手稲山で

ホタカワラビ

鱗片が密生する

この羽片が特に大きく1回多く分裂する

オクヤマシダ *Dryopteris amurensis*

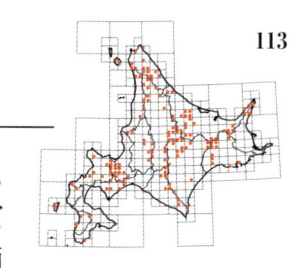

山地の林下，特に亜高山帯に多い夏緑性のシダ。根茎は地中に伸び，葉はあまり間隔をあけないで1本ずつ出，草質で長さ20cm前後。**シラネワラビ**によく似ているが，葉身は五角形状広卵形で地表を被うように広がる。葉柄の鱗片は淡い褐色，葉の裏面に袋状の小さな鱗片がある。分布は北～本(関東以北)。

亜高山帯の林床。根茎が地中に長く伸びて群生する姿。左下はシラネワラビ。6月22日に夕張岳で

シラネワラビ

葉が開きつつある独特の姿。6月1日に黒松内岳で

葉裏のソーラス

芒状になった鋸歯の先

袋状の鱗片

羽片に短い柄がある

葉柄は葉身より長い

この小羽片が特別大きい

上から見た葉。地表と平行に開いているので形がよくわかる。7月13日に北大雪・平山で

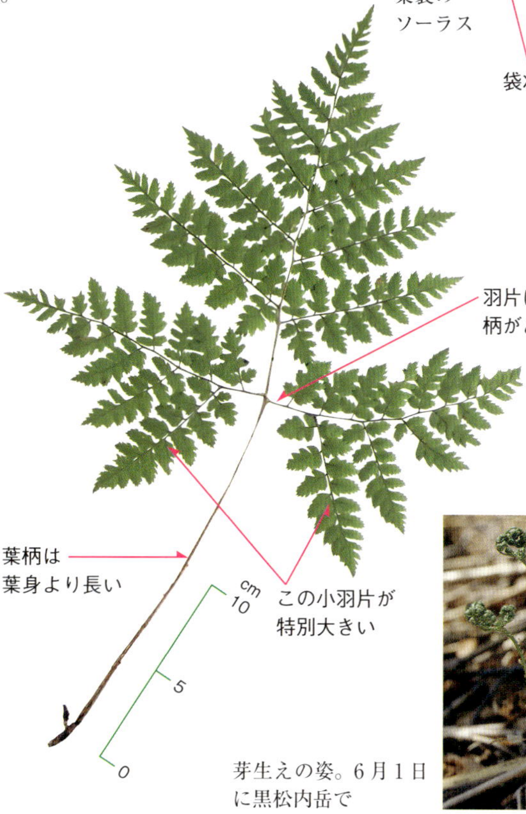

芽生えの姿。6月1日に黒松内岳で

オシダ科カナワラビ属

シノブカグマ *Arachniodes mutica*

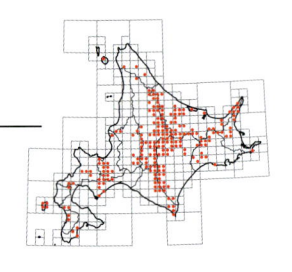

山地の林内，特に針葉樹林下に生える常緑性のシダ。根茎は短く株立ち状となる。葉は硬い革質で表面は濃い緑色，長さ40cmほどで3回羽状中〜全裂する。葉柄や中軸には黒褐色の鱗片がびっしりつく。ソーラスは円形，包膜は円腎形。分布は北〜屋久島。

羽毛服を着て撮ったカット。葉の形がよくわかる。11月3日に日高山脈・楽古岳で

芽生えの姿。清里町・斜里岳で

袋状の鱗片がつく

葉裏のソーラス

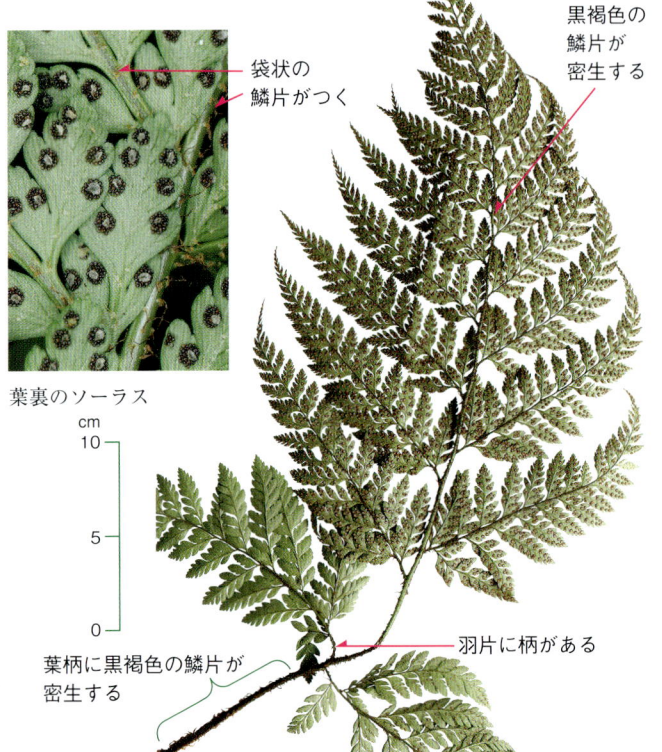

中軸にも黒褐色の鱗片が密生する

葉柄に黒褐色の鱗片が密生する

羽片に柄がある

針葉樹林下に生えることが多い。8月7日に日高山脈・ポンヤオロマップ岳で

オシダ科カナワラビ属　　　　115

リョウメンシダ *Arachniodes standishii*

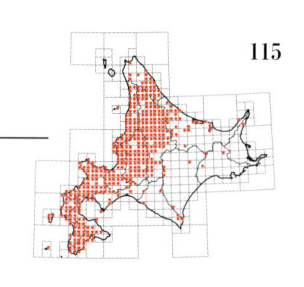

山地のやや湿った林内に生える常緑性のシダ。根茎は短く株立ち状となる。葉はやや硬い紙質。表面は鮮やかな緑色で，裏面も同様な色（これが和名の由来），長さは50〜80cm，3〜4回羽状全裂する。ソーラスは円形で包膜は円腎形，葉の下部に多くつく。分布は北〜九。

→ 包膜は大きい

葉裏のソーラス

初冬になると輝きが増して見える。11月10日に札幌市・砥石山で

← とがる

羽片の先はとがる

羽片に短い柄がある

中軸には鱗片がまばらにつく

葉は秋に地表を被うようになる。10月24日に札幌市・砥石山で

芽生えの姿。5月30日に江別市・野幌自然公園で

葉柄基部に淡い褐色の鱗片が密生する

サカゲイノデ *Polysticum retrosopaleaceum*

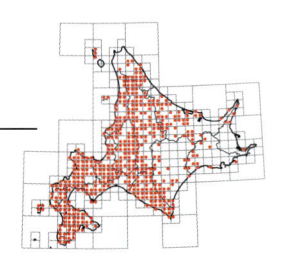

山地の林床に生える夏緑性のシダだが葉が緑色のまま越冬することもある。根茎は短く株立ち状に葉を出し，**オシダ**(P.102)のような大きなロートをつくる。葉はやや厚い草質で葉身は1m近くにもなり，2回羽状複葉。葉柄から中軸にかけて鱗片が密生し，中軸裏側のものが軸に圧着し，下向きに(逆毛)つくのが特徴。分布は北～四。

株全体の姿はオシダ(p.102)によく似ている。8月15日に奥尻島で

芽生えの姿。5月19日に札幌市・砥石山で

葉はもうすぐ伸び切る。5月15日に厚沢部町で

中軸と小羽片。鱗片は通常もう少し濃色

イノデ類はこの部分が耳状にふくらむ

この部分で羽軸につく

ソーラスは円形，包膜は全縁

鱗片は中軸に圧着して下向きにつく

下部の羽片は短くならない

大きな鱗片が密につく

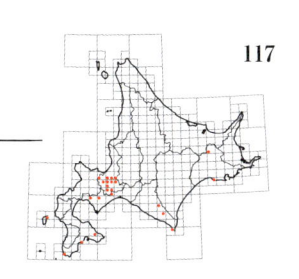

イワシロイノデ *Polysticum ovatopaleaceum* var. *coraiense*

サカゲイノデと同じような山地の林床に生え，双子の兄弟のようによく似ている。そのうえ，両種の自然雑種もあるそうだから見分けは厄介である。中軸裏側の鱗片は軸に圧着せず，開出するか上を向く。分布は北～本（中部以北）。

沢近くの広葉樹林下に生えていた株。8月18日に札幌市・有明で

鱗片は開出する

葉裏のソーラス
ソーラスは円形，包膜は全縁
この部分が耳状にふくらむ

水辺での芽生え。5月27日に札幌市・有明で

鱗片は中軸に圧着しないで開出する

中軸裏側の鱗片

下部の羽片は短くならない

大きな鱗片が密につく

カラクサイノデ（シノブイノデ） *Polysticum microchlamys*

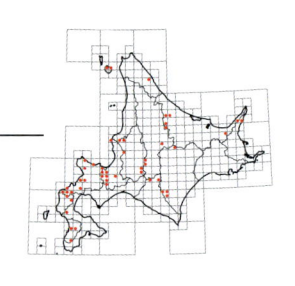

やや標高のある山地の湿った林床や林縁，草地に生える夏緑性のシダ。根茎は短く株立ち状となる。葉は薄い紙質で葉身は長さ1ｍ前後，2回羽状浅〜中裂で，羽片は先端と基部に向かって短くなる。小羽片は先がとがり，縁は鋭い鋸歯となるか鋭い切れ込みがある。分布は北〜本（中部以北と鳥取）。標高のより低い所ではよく似たアズミイノデ *P. azumiense*，その上部にカラクサイノデが分布しているようだ。

亜高山帯に近い高度で群生していた。盛夏を過ぎて葉の緑色は暗くなった。8月18日に増毛山系・暑寒別岳で

樹林限界付近のカラクサイノデ。葉柄には鱗片がびっしり，下部の羽片は短くなる。9月23日大雪山で

沢音を聞きながらぐいぐい伸びる葉。7月13日に大雪山で

小羽片の比較。
上：カラクサイノデ
下：アズミイノデ

とがる
基部が翼状となる
深い切れ込みがある
羽軸
翼状ならない

羽片の先はとがる
小羽片の基部が翼状となる
中軸に鱗片が密生する

ホソイノデ *Polysticum braunii*

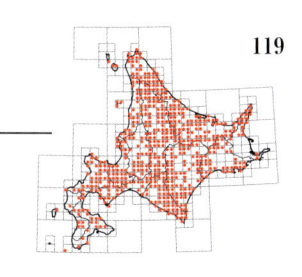

山地の林床に生える夏緑性のシダ。根茎は短く直立して株立ち状に葉が出る。葉は少し硬い紙質で表面には光沢がある。葉身は長さ50 cm前後で2回羽状複葉で，葉の先端と基部に向けて羽片は短くなり，最下の羽片は耳状になり，葉身基部が細く見える（これが和名の由来）。ソーラスは大きく，葉の上半分につく。分布は北〜本（中部以北と鳥取，山口）。

落葉広葉樹林下で光沢のある葉が集まってロートをつくっていた。6月17日に札幌市・砥石山で

鋸歯の先端が芒状となる
円くて大きな葉裏のソーラス
中軸の鱗片は披針形〜線形

芽生えの姿。5月27日に札幌市・砥石山で

陽光を浴びてぐんぐん伸びる葉。5月27日に札幌市・砥石山で

葉柄は葉身よりはるかに短い
葉柄には密に鱗片がつく
羽片は下部ほど短くなる

オシダ科イノデ属

ジュウモンジシダ *Polysticum tripteron*

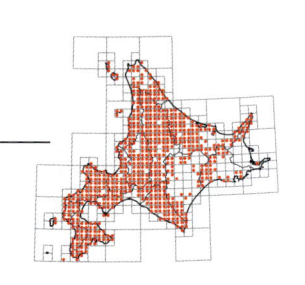

山地の林床に生えるシダ。夏緑性とされるが、緑葉のまま越冬することも多い。根茎は短く直立して葉は株立ち状に出る。葉は硬い草質で、葉身は長さ40cm前後で単羽状葉の大きな頂羽とその下に同じ構造でより小さな側片が1対つくので、葉形は全体として逆さ十字架状となる。だから"十文字シダ"。学名も"3枚の葉"の意味で、和名と共にこのシダの形をよく表現している。初心者はこのようなシダから覚えていくとよい。分布は北～九。

初夏、ほぼ葉が伸びきった姿。6月9日に札幌市・砥石山で

細長い小羽片裏につくソーラス

この裂片が特別大きい

葉が伸びつつある姿。5月30日に千歳市で

可愛い芽生え。4月24日に札幌市・藻岩山で

鋭くとがる

小羽片の両側に切れ込みがある

ふつう上側に耳状の裂片がつく

頂羽片という

側羽片という

鱗片が密生

葉柄につく鱗片はさわるとすぐ落ちる

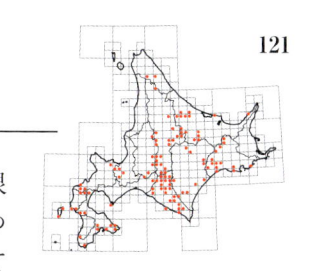

ツルデンダ　*Polysticum craspedosorum*

山地の日の当たらない岩場に張りつくように生える小形で常緑性のシダ。根茎は短く葉は何本かまとまって出る。葉柄から中軸，羽片の裏に鱗片がつく。葉は紙質，葉身は長さ 10〜20 cm，単羽状複葉で，中軸が長く伸びて先端に新しい苗をつくって増える。ソーラスは円形で包膜に宿存性があるので重なり合う。分布は北〜九。

暗い沢沿いの岩壁にびっしり生えていた。9月27日に新ひだか町・静内ダム近くで

中軸には披針形〜線形で褐色の鱗片がつく

包膜が重り合う

葉裏のソーラス

中軸の先端にできた新しい苗

葉柄には鱗片が密につく

ソーラスは羽片の前側に並ぶ

羽片に短い柄がある

1株の姿。葉の先が伸びて新苗をつくっている。9月5日にひだか町で

0　　　5 cm

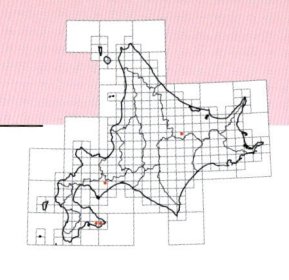

シノブ科シノブ属

シノブ *Davallia mariesii*

樹の幹(ときに岩上)に着生する夏緑性のシダ。幹上を長く這う根茎から葉をポツリポツリと出す。葉は硬い紙質で無毛。葉身は長さ15cm前後，三角形状卵形で3回羽状深裂する。ソーラスは裂片に1個ずつつき，包膜はコップ状。分布は北(渡島，胆振)～沖縄。

深いコップ状の包膜

葉の裂片につくソーラス

樹上の葉。株立ち状にはならない。10月11日に白老町・森野で

羽片に短い柄がある

葉柄は葉身より短く落ちやすい鱗片がつく

樹の幹に着生する姿。少し黄葉し始めている。この樹にはイワオモダカも着生している。10月11日に白老町・森野で

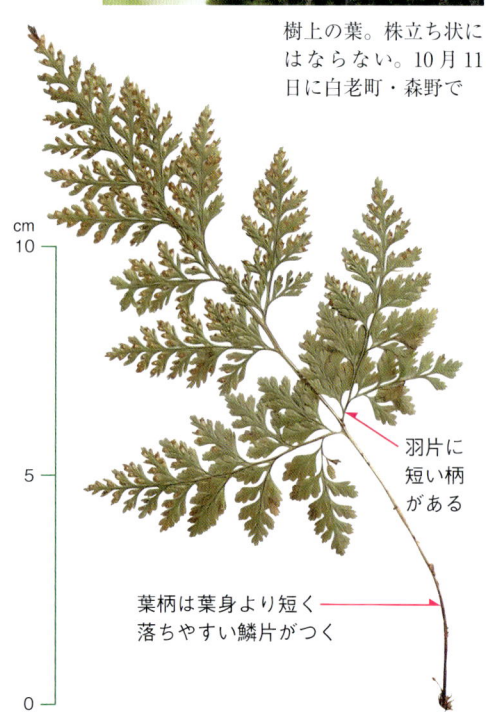

ホテイシダ *Lepisorus annuifrons*

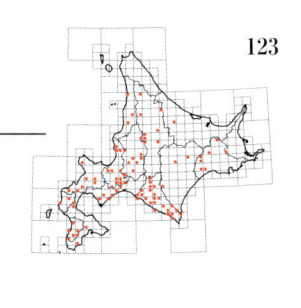

樹の幹や岩の上に着生する夏緑性のシダ。幹上を長く這う根茎から不規則に葉を出す。葉は紙質で明るい緑色。葉身は披針形で，長さ20 cm以上になり，この属としては幅が広いので"布袋"。ソーラスは円形で包膜はなく，葉の中肋寄りにつく。葉は秋に黄葉して枯れる。分布は北～九。

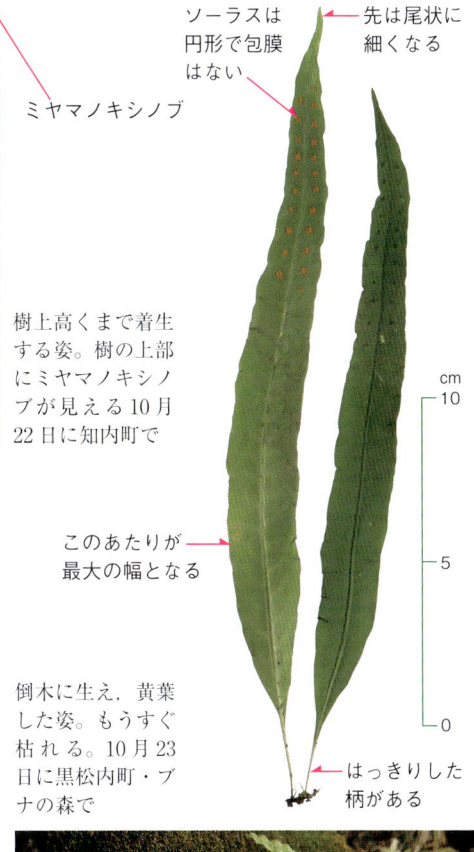

ミヤマノキシノブ

ソーラスは円形で包膜はない

先は尾状に細くなる

樹上高くまで着生する姿。樹の上部にミヤマノキシノブが見える10月22日に知内町で

このあたりが最大の幅となる

倒木に生え，黄葉した姿。もうすぐ枯れる。10月23日に黒松内町・ブナの森で

はっきりした柄がある

十分成長した姿。10月2日に白老町・ポロト湖畔で

ウラボシ科ノキシノブ属

ミヤマノキシノブ *Lepisorus ussuriensis* var. *distans*

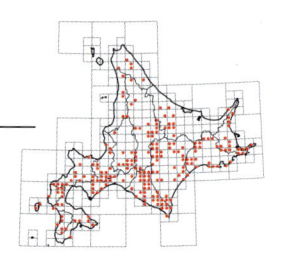

樹の幹や岩の上に着生する常緑性のシダ。幹上を長く這う根茎から多数の葉を出す。葉は厚紙質で表面は光沢がなく縁が裏側に巻き込む感じとなる。葉身は線状披針形で長さ15cm前後，はっきりした葉柄があり，ソーラスは葉の上半分につく。分布は北〜屋久島。よく似た**ノキシノブ** *L. thunbergianus* はより大型，光沢があり，葉柄がはっきりせず，ソーラスも大きい。道南に記録がある。

ブナの幹にびっしり着生した姿。9月13日に今金町・美利河丸山で

葉の表側からもソーラスのつく位置がわかる。9月13日に今金町・美利河丸山で

冬季の寒さと乾燥に耐える姿。4月22日に新ひだか町・ペラリ山で

とがる→
ソーラスは円形で包膜はない
はっきりした葉柄がある
根茎
根

ウラボシ科ノキシノブ属

ヒメノキシノブ *Lepisorus onoei*

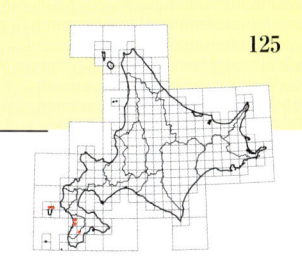

樹の幹や岩の上に着生する常緑性のシダ。幹上を長く這う根茎からややまばらに，ときにびっしりと葉を出す。遠目には**ビロードシダ**(P.127)に似るが，葉は革質で光沢はなく，硬くて無毛。葉身は先端部の幅が広い線形で長さ3〜8cm。ソーラスは葉の先端部につく。分布は北(西南部)〜奄美大島。

ブナの幹にびっしり生えていた。5月2日に奥尻島・復興の森で

少し立ちあがり，ソーラスが見える。5月2日に奥尻島・復興の森で

越冬前，秋の姿。10月23日に厚沢部町・レクの森で

ソーラス。包膜はない
先端はふつうとがらないがとがる場合も
縁に鋸歯はない
全体無毛
短いが柄がある
根茎には鱗片がつく

イワオモダカ *Pyrrosia hastata*

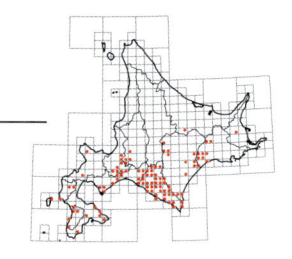

主に樹の幹上に，ときに岩に着生する常緑性のシダ。根茎は短いので葉はある程度まとまって出る。葉は厚く硬い革質で，表面は濃い緑色，裏面には赤褐色の星状毛が密生する。葉身は長さ10cm程度，掌状に3ないし5裂する。分布は北～九。

丸まって越冬する姿。4月22日に新ひだか町・ペラリ山で

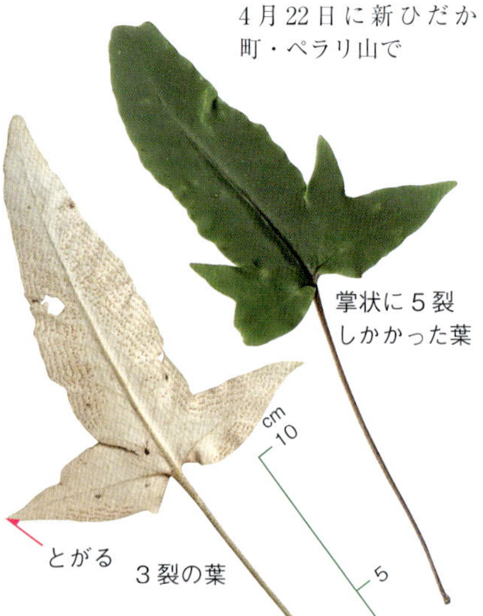

苔むした樹の幹に着生する姿。10月12日に新ひだか町・静内で

掌状に5裂しかかった葉

とがる　3裂の葉

樹の幹に着生する姿。10月12日に新ひだか町・静内で

褐色の星状毛が密生する

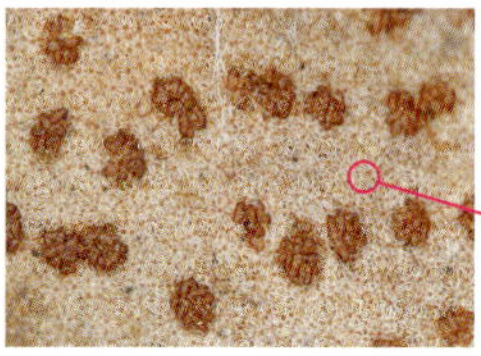

葉裏のソーラス

ウラボシ科ヒトツバ属

ビロードシダ　*Pyrrosia linearifolia*

樹の幹や岩に着生する常緑性で小形のシダ。幹の表面を長く這う根茎から葉を出す。葉は肉質で軟かく、全面、特に裏面に褐色をおびた星状毛が密生してビロードの感触となる。葉身は大きくても長さが10 cm、線形で先端は尖らず、葉柄はほとんどない。ソーラスは円形。分布は北（胆振）〜沖縄。

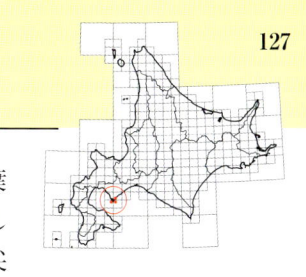

横から見た樹の幹に生える姿。
8月21日に室蘭市・地球岬で

斜め上から見た姿。8月21日に
室蘭市・地球岬で

葉裏のソーラス

ヒメサジラン　*Loxogramme grammitoides*　サジラン属

沢沿いの岩壁下部に生えていた。10月29日に新ひだか町・
静内ダム近くで

山地の谷間などの日の当たらない岩にまれに生える常緑性で小形のシダ。葉は革質でやや硬く、表面に光沢がある。葉身は倒卵形で長さ5 cm前後、先端部近くの幅が最大となり、基部に向かって次第に細くなる。分布は北〜屋久島。著者は1か所でしか見ていない。2014年に再訪してみたが、見当たらなかった。消えてしまったのだろうか。

葉裏のソーラス

カラクサシダ *Pleurosoriopsis makinoi*

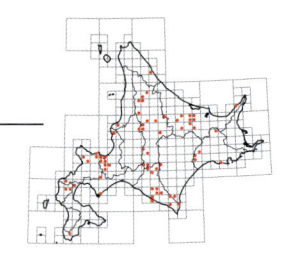

山地の苔むした岩や樹の幹に生える冬緑性で夏に葉が枯れる小さなシダ。初秋にコケの中を長く伸びる根茎から葉を出す。葉はやや厚く，褐色の毛に被われている。葉身は長さ2cm前後，ソーラスは裂片の脈上につくが，裏面全体に広がっているように見える。分布は北〜九。

葉裏のソーラス

岩に群生している姿。9月30日に札幌市・定山渓で

前年の葉

羽片に柄がある

はっきりした葉柄がある

根茎

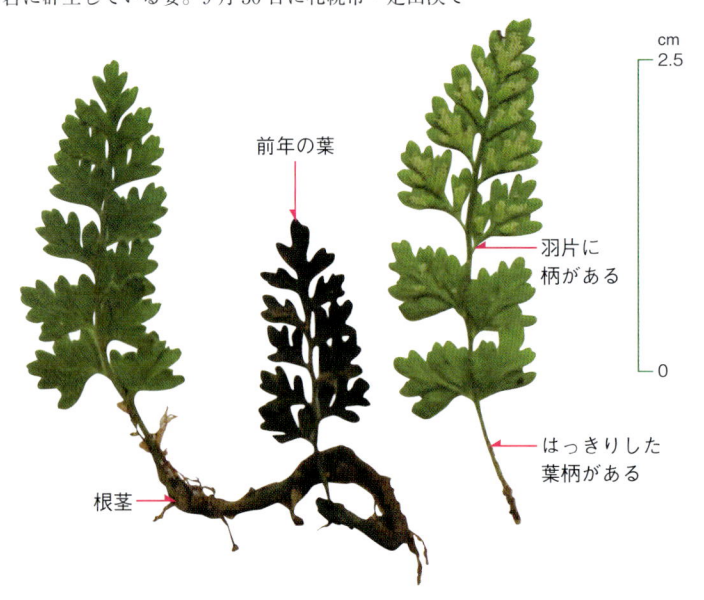

樹の根元にも生える。苔に紛れて見逃しそう。6月21日に乙部町・乙部岳で

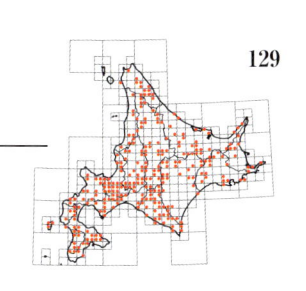

ウラボシ科エゾデンダ属

オシャグジデンダ *Polypodium fauriei*

山地の樹の幹や岩の上に着生する冬緑性のシダ。長く伸びる根茎から葉を1枚ずつ出す。ふつう7月に枯れて8月に新葉が出る。葉は草質ないし紙質で乾燥するとくるりと丸まる。葉身は大きいもので長さ20 cmほどになり、スリムな卵形で羽状深裂し、羽片は20対ほどで先端はやや尖り気味。和名は発見地木曾地方の社貢寺にちなむという。分布は北〜九。

樹の幹にびっしり生える姿。6月12日に釧路市・阿寒湖周辺で

丸まったオシャグジデンダの葉

乾燥した春の姿。3月30日に札幌市・藻岩山で

葉の裏面に灰色の軟毛が生える

葉裏のソーラス。包膜はない

ソーラス

裂片の先はややとがる

短い葉柄

岩に着生する姿。10月18日に福島町で

もうすぐ枯れる姿。7月15日に札幌市・手稲山で

ウラボシ科エゾデンダ属

エゾデンダ *Polypodium sibiricum*

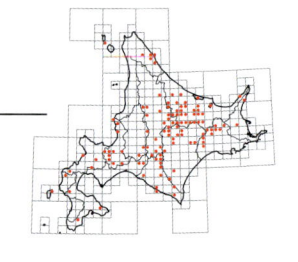

山地の樹上や岩の上，ときに地面にも生える冬緑性のシダ。幹上などに伸びる根茎から葉を1枚ずつ出す。葉は草質だが少し硬い。葉身は大きいもので長さ20 cm，円みをおびた披針形で羽状深裂して裂片の先端はほぼ円い。ソーラスは裂片の縁寄りにつく。分布は北～本(中部以北)。

葉裏のソーラス。包膜はない
波状の鋸歯
葉の裏は無毛

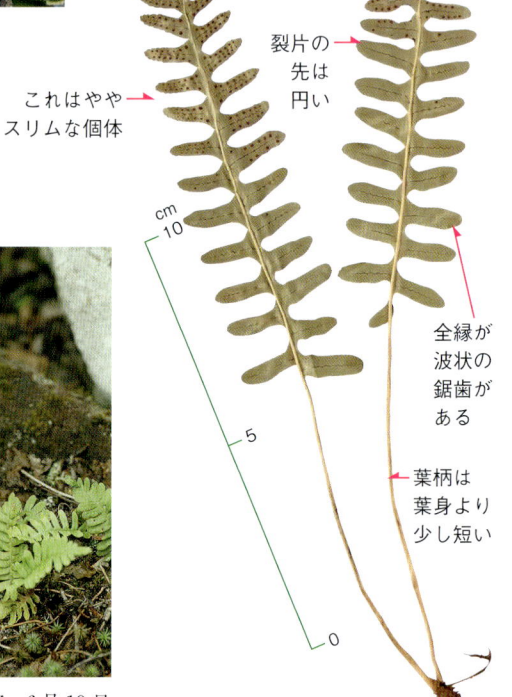

針葉樹の根元近くに着生する姿。10月23日に釧路市・阿寒湖近くで

裂片の先は円い

これはややスリムな個体

全縁が波状の鋸歯がある

葉柄は葉身より少し短い

岩に群生した姿。6月19日に利尻島で

葉がほぼ伸びきった姿。6月19日に札幌市・手稲山で

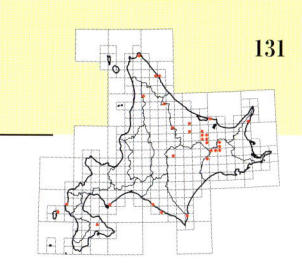

オオエゾデンダ *Polypodium vulgare*

海岸に近い岩場や樹の幹に着生する冬緑性で小形のシダ。岩上を伸びる根茎から葉が1枚ずつ出る。葉は草質だがやや硬い。葉身は長さ10cm以下で，卵状長楕円形，羽状深裂し，裂片の先は少しとがり気味。ソーラスは裂片の縁と中肋の中間より中肋側につく。分布は北〜本（北部，山陰）。

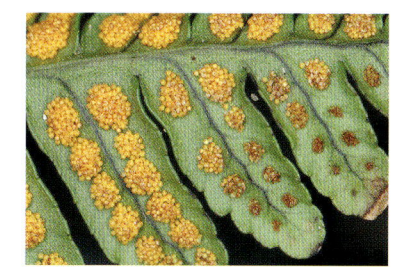

葉裏のソーラス。包膜はない

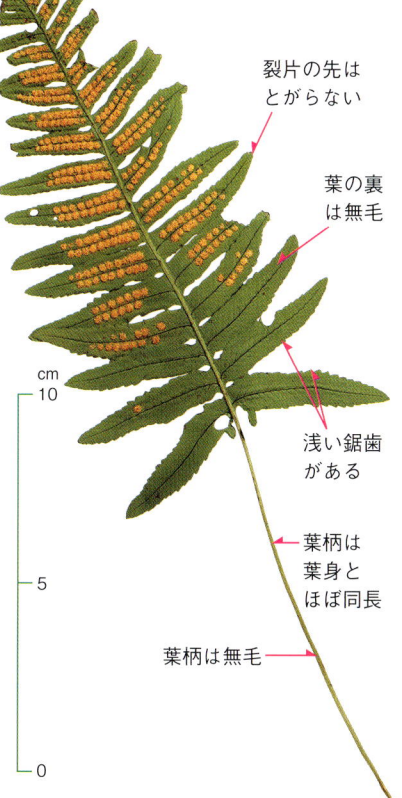

海岸近くの岩場に生えていた株。10月6日に新冠町で

これも海岸に面した岩場の近くでの姿。8月21日に登別市・鷲別で

裂片の先はとがらない
葉の裏は無毛
浅い鋸歯がある
葉柄は葉身とほぼ同長
葉柄は無毛

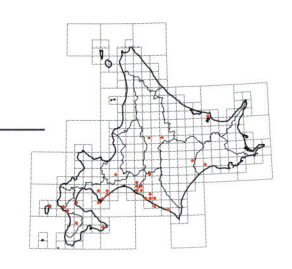

ミツデウラボシ *Selliguea hastata* var. *hastata*

低地〜低山，ときに亜高山のやや乾いた岩場に生える常緑性の小さなシダ。岩肌を這う根茎から細い葉柄が出て，その先に葉がぶら下がる。和名は葉が3つに裂けることからだが，北海道ではそのような記録は知らない。すべて単葉で長さ5cm前後，表面は少し光沢がある。分布は北〜沖縄。

葉裏のソーラス。包膜はない

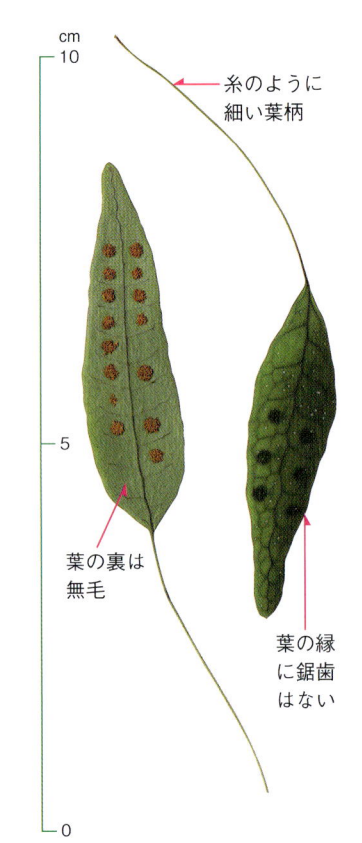

糸のように細い葉柄

葉の裏は無毛

葉の縁に鋸歯はない

表面がざらつく岩にびっしり生えていた。8月7日に鵡川町で

葉がかなり長く伸びた個体。道内ではこのくらいが大きさの限度か。8月7日に鵡川町で

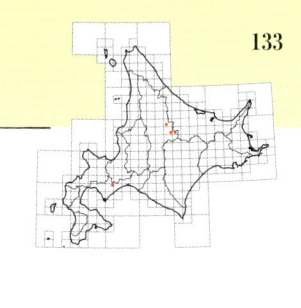

ウラボシ科ミツデウラボシ属

ミヤマウラボシ *Selliguea veitchii*

山地の岩場に生える夏緑性で小形のシダ。岩肌を這う根茎からまばらに葉を出す。葉は薄い紙質。葉身は長さ5cmほどで羽状深〜全裂，羽片（裂片）は1〜3対で，先はとがらない。分布は北（大雪山）〜四。

葉裏のソーラス。包膜はない

ほぼ垂直な岩に斜め下に向けて生える姿。8月20日に大雪山・層雲峡の奥で

正面からの姿。8月20日に大雪山・層雲峡の奥で

このあたりに鱗片をつける

葉柄は葉身よりも短い

ふつう先端はとがらない

細い葉柄は無毛

主な参考引用文献

池畑怜伸．2006．写真でわかるシダ図鑑．151pp．トンボ出版．
岩槻邦男編．1994．日本の野生植物　シダ．311pp．平凡社．
伊藤浩司・日野間彰・たくぎん総合研究所(編)．1985．環境調査・アセスメントのための北海道高等植物目録Ⅰ　シダ植物・裸子植物．73pp．たくぎん総合研究所．
内田暁友．2007．野外図鑑　知床のシダ．64pp．斜里町立知床博物館．
海老沢巳好．1999．小さな羊歯たち．私家版．66pp．
倉田悟・中池敏之編．1979-1997．日本植物図鑑—分布・生態・分類　1-8．1：636pp., 2：656pp., 3：736pp., 4：858pp., 5：842pp., 6：890pp., 7：424pp., 8：484pp．東京大学出版会．〔新装版　日本のシダ植物図鑑．2004．〕
北川淑子．2007．シダハンドブック．80pp．文一総合出版．
佐藤利幸・内田暁友・梅沢俊・甲山隆司・児玉裕二・原登志彦．2004．北海道寒冷地(北・東部)のシダ植物・分布と多様性．101pp．北海道大学低温科学研究所・信州大学理学部．
高橋英樹監修・松井洋編集．2014．北海道維管束植物目録．280pp．私家版．
田川基二．1959．原色日本羊歯植物図鑑．270pp．保育社．
滝田謙譲．2001．北海道植物図譜．1452pp．私家版．
中池敏之．1992．新日本植物誌　シダ編　改訂増補版．969pp．至文堂．
原松次．1983．北海道植物図鑑　中．289pp．噴火湾社．
原松次．1985．北海道植物図鑑　下．282pp．噴火湾社．
日野間彰．2013．FLORA OF HOKKAIDO Distribution Maps of Vascular Plants in HOKKAIDO, JAPAN〈http://www.hinoma.com/maps/〉(2013年4月10日更新)．
北方山草会．2008．北方山草　第25号　小特集　シダ植物：1-122．
邑田仁監修・米倉浩司著．2012．日本維管束植物目録．379pp．北隆館．
光田重幸．1986．検索入門　しだの図鑑．224pp．保育社．
Hulten, E. 1968. Flora of Alaska and neighboring territories. 278pp. Stanford Univ. Press, Stanford.

このほか「植物研究雑誌」，「植物分類・地理」，「北方山草」などの定期刊行物も参考にした．

この本ができるまで——あとがきに代えて

　私が本格的に植物の写真を撮り始めたのは1973年，平凡社から『日本の野生植物　草本編』用の撮影を依頼されたときである．学生時代は北海道大学では昆虫学方面に進んだので植物に関しては"素人"だったが，ひょんなことで山スキー部に所属したので，よく山に登り高山植物だけは覚えていた．一方，低地の植物に関しては知らないことだらけなので，資料を読み漁り，詳しい人に頼って覚えていった．この時点ではシダ植物は眼中，脳中にはなく，ひたすら"花"を追っていたのである．『草本編』が出版された後は『木本編』の撮影を依頼されたので，北海道の樹木もだいぶ覚えることができた．

　『木本編』が完成した次は，恐れていた通り（笑）『シダ編』の撮影を依頼されたのである．当時の私が知っていたシダといえば，ツクシ，ワラビ，ゼンマイ，コゴミそれにオシダあたりだろうか．つまり山菜として採っていたシダぐらいなものである．「さーて困った，どうしよう」と悩んでいたときに知り合うことができたのが，当時北海道大学低温科学研究所に勤めておられた佐藤利幸さんである．利幸さんはシダ植物にめっぽう明るいだけではなく，親切でシダ初心者の私を丁寧に指導してくれたのである．研究室にお邪魔したりフィールドにも数回同行させていただいた．まさにマンツーマンでのシダ教室である．どんな立派な図鑑を見てもわからなかったシダの名前がすんなりと私のメモリーに刻まれる．あたり前のことだが，やはり植物の名を覚えるには詳しい人に同行するのが一番効率のよい方法だろう．それに加えて利幸さんは教え方がうまい．「こんなに早く覚える人は初めてだ」などとおだてるのだ．乗せられる私も単純だから，お陰でふつう見られるシダはだいたい覚えることができたのである．ただ意外だったのが，これほど難しいシダに詳しい人だから顕花植物も当然よく知っているはずと思い込んでいたが意外と知らないのである（笑）．だからフィールドでは利幸さんがシダの，私が花の先生という妙な師弟関係となったのである．

　『日本の野生植物　シダ』は1992年に初版が発行されたが，採用された私の写真はごくわずかである．もともと北海道にはシダの種類数が少ないので当然である．そこで，それまで勉強しながら撮った写真の大部分が日の目を見ないことになるのは忍びない，利幸さんと「北海道のシダ図鑑をつくろうか」という話に進展したのは当然のなりゆきだった．

　さっそくある出版社に打診したら「うちは売れないものはやりません」とあっさり断られてしまった．至極あたり前の話だろう．それでも「やりましょうか」という出版社があったので1年後に原稿を渡す約束で準備を進めたが，原稿が揃わぬうちに1年以上が経過し，その後利幸さんは長野県の信州大学に移られてしまった．やはり北海道でシダの図鑑はできない運命に

あったのだろうなと思った。

　利幸さんと疎遠状態となって何年後だっただろうか，突然「写真を貸してほしい」との連絡があった。その結果が利幸さんほか5人共著の『北海道寒冷地（北・東部）のシダ植物・分布と多様性』(2004) という冊子にまとまったが，これは図鑑ではなく科学研究費などで製作された分布図集的なものである。その後再び利幸さんとは疎遠状態となって今日に至っているが，同時に私の頭もシダに対しては疎遠状態となったのである。

　ときは流れて65歳を過ぎたころだろうか，急に体力の衰えを感じるようになった。山に登るスピードが落ち，疲れやすくなり，健忘症や低体温症の症状も現れるようになった。人生の最終章に近づきつつあることは間違いなかった。そこで自分の歩んできた道を振り返ると，やり残したことがふたつ思いついた。ヒマラヤでの花探しと北海道のシダをまとめることである。前者はともかく，後者に関しては誰かがやるという気配はまったくなかった。それはそうだろう仕事としては割に合わないことは自明なのだから…。

　「結局これは私がやるほかはないな」とほぼ決心がついたものの，大きな問題がふたつあった。まず私にシダ図鑑をつくる力量がないことである。写真はずい分撮ったものの，シダに関する知識は駆け出しのアマチュアレベルである。再び利幸さんに声をかけてみようか…。そうすれば資料としても有用な立派な図鑑ができそうだが，これまでの経緯からして完成までとても時間がかかりそうだ。このところ私は雨季のヒマラヤ山中を歩きまわるというリスクの大きな旅を続けている。いつ天国，あるいは地獄からお呼びがかかるかわからないので，短期決戦で臨みたい…と悩んでいたときに出会ったのが池畑怜伸著『写真でわかるシダ図鑑』（トンボ出版）である。判形が大きいので見やすく，だから特徴的な部分アップなどの写真を多用し，引き出し線を用いての説明，短く個性的な（ユニークな文が随所に！）解説などこれまでにない，つまり初心者にとって親切な図鑑なのである。これを見てつくるべき図鑑の方向性が決まった。「初心者向けの図鑑をつくろう」，少なくとも私は初心者を卒業した程度だろうから…。

　もうひとつの問題は出版社。はて，「売れそうもない図鑑」を引き受けてくれるところがあるのだろうか？　まず小著『新北海道の花』でお世話になった北海道大学出版会に打診してみたら「企画書をつくってください」との返答。どうやら企画会議に諮られるようだ。私は本書のようなダミーを3ページ分つくって提出した。池畑図鑑より一般の図鑑に近いものにしたのは硬い学術書を中心に手がけている出版会を忖度してのことである（笑）。企画会議では企画委員の先生が「このような本こそ出すべきだ」と強く推してくれたようだ。おかげでこのような「あとがき」を書いている。

※

　出版が決まったけれど，掲載する種について原稿完成まで解決しなければならない問題がいくつかあった。まずミヤマシケシダの一群。これまでハクモウイノデが別名として使われていたが，どうも別種らしい。このあたりをきちんと整理しなければならない。ミヤマシケシダは山地の樹林下でふつう

に見られるシダだが，これの大形の一群があることが知られていた。これをはっきり認識したのが福島町千軒の谷中であった。葉柄の基部に触れるとべとべとした粘液で被われ，池畑図鑑のウスゲミヤマシケシダに相当するようだ。注意深く見ていくと，わが家のすぐ近く砥石山でも点々と見られるではないか。灯台下暗しとはこのことか，これまで気がつかなかったのが恥ずかしい。それではハクモウイノデは？　それらしいものを見たのは伊達市稀府で。葉柄がびっしりと白い毛(鱗片)に被われ，基部はべとつかない。ようやくハクモウ君に出会えて喜んだものの自信がない。そこで友人の永田芳男さんを介して芹沢俊介先生に見ていただいたところウスゲと共に間違いないようだった。一件落着，ただ芹沢先生はウスゲの和名はオオミヤマシケシダと呼びたいと提唱されており，大形で"毛"の密度の個体差が大きいことから私も同意見である。ハクモウイノデはその後札幌市清田区でも見ているので，分布域は広そうだ。

　一番厄介だったのが冬緑性のハナワラビ類である。エゾフユノハナワラビはどこででもふつうに見られるものの，フユノハナワラビとイブリハナワラビが未撮影だった。これらは草が枯れかかる秋が探しどきである。道南の福島町でエゾフユではないハナワラビ類を何個体も見つけた。フユかな，もしかしてイブリかも…これらも芹沢先生に見ていただいたらフユノハナワラビとなんとアカハナワラビであった。北海道に分布していないアカハナワラビが撮れたことにちょっとびっくり(現在では結構広い地域に分布していることがわかった)。先生はイブリハナワラビについてはご覧になったことがないのでよくわからないとのことだった。

　残るはそのイブリハナワラビである。北海道の固有種なので(最近青森県でも見つかったようだ)どうしても載せたかったが，探すにしてもどうもイメージがつかめない。北大総合博物館の収蔵標本庫には故・原松次先生の採集された標本があったのだが，どのあたりがエゾフユと違うのだろうか？　標本から生育状態の姿を想像するのはとても難しいものだ。とにかく採集地である室蘭市水元町を探しまくったら，雑木林の下で写真のような見慣れないハナワラビを見つけた。イブリハナワラビではないようだがいったい何者だろう？　もうこれはこの属に詳しい佐橋紀男先生に見ていただくしか方法はないなと，事前のお願いもせずに，大伸ばしした写真を送りつけてしまった。先生からはこの無礼にもかかわらず，丁寧な回答をいただいた。結局あの変わり者はエゾフユノハナワラビで，栄養葉が2次的に出たものだろうということだった。新種でなくて残念だったが(笑)，佐橋先生との繋がりができたことが何より嬉しかった。当然？　その後何度か同定をお願いしたのである。ふつう同定依頼は標本でお願いするのが礼儀なのだが，私の場合は写真が多かった。それにもかかわらず，先生は丁寧に回答してくださった。それによると，①イブリハナワラビは室蘭市，福島町，札幌市の3か所で撮れていた。②アカハナワラビは室蘭市にもあった，③そして一番驚いたのが同定していただいたものの半分以上が雑種と推定されるもので，私がヤマハナワラビと思い込んで撮影したものもほとんどが雑種だった。とてもショック

イブリハナワラビを探した折見つけたハナワラビ。近くに生えていたエゾフユノハナワラビの葉を手前に置いて撮影。10月25日に室蘭市・水元町で

ヤマハナワラビとエゾフユノハナワラビの雑種。9月14日に室蘭市・室蘭岳山麓で

アカハナワラビ。10月22日に高尾山の北側，裏高尾で

フユノハナワラビ。10月22日に高尾山の北側，裏高尾で

この本ができるまで——あとがきに代えて　139

ヤマイタチシダ。10月22日に高尾山の北側，裏高尾で

ゲジゲジシダ。10月21日に高尾山〜陣馬山の縦走路上で（2倍体のオオゲジゲジシダの型）

ノキシノブ。11月27日に高尾山の登山口近くの石垣で

クラマゴケ。4月18日に新潟県佐渡島で

だったが，お陰でハナワラビ類を見る目が少しは肥えたように思う。
※

　北海道で記録されていながらこの本に掲載できなかった種がいくつかある。まずゲジゲジシダとタカネハナワラビは有珠山に生育していたが1977年の噴火によって絶滅したようである。何度か探しに行ったけれど見つけることはできなかった。ちなみに故・原松次先生による『北海道植物図鑑下』(噴火湾社)には両種とも掲載されている。

　オオクジャクシダは奥尻島に採集記録があり，北国としては大形のシダなので，あれば見つかるはずだが未だその姿を見ていない。後述の内田暁友さんもずい分探されたようだ。絶滅したとすれば，原因は河川改修などで生育環境が破壊されたのかもしれない。

　ノキシノブとクラマゴケ，ホソバノミヤマハナワラビに関しては，ほかのシダ探しに追われてあまり探せなかった。道南と浜頓別方面を丹念に見て回ればあるはずである。

　掲載できなかったシダや疑問種は"本場"で確認するのが一番だ。私は上京するたびに高尾山に通った。新宿駅から登山口まで1時間ほどなので気軽に立ち寄れるのである。写真の多くはそこで見たシダである。
※

　佐藤利幸さんには初心者を卒業するレベルまで親切にご指導いただいた。私は彼を実質的にこの本の影の共著者だと思っているのである。五十嵐博さん，高橋誼さん，高橋武夫さん，三木昇さんからは撮影地の情報をいただいた。標本閲覧の便宜を図ってくださったのは高橋英樹さんと山崎真美さんである。同定依頼に丁寧な回答をくださったのは佐橋紀男・芹沢俊介の両先生である。永田芳男さんと前田次郎さんにはいろいろと相談にのってもらった。隠花植物に明るい内田暁友さんには全体をチェックしていただいた。最後に，北海道大学出版会の成田和男さんと添田之美さんには製作に奮闘していただいた。こうして素晴らしい方々に恵まれてこの本ができた。皆さん本当にありがとうございました。感謝の気持ちを，妻節子と過ごした楽しいシダ探しのときを思い出しながらしたためている。

　2015年初春

梅沢　俊

和名索引

[ア]
アオキガハラウサギシダ　62
アオチャセンシダ　54
アカハナワラビ　31, 137, 138
アスヒカズラ　15
アズミイノデ　118

[イ]
イチョウシダ　57
イッポンワラビ　95
イヌガンソク　76
イヌシダ　46
イヌスギナ　37
イヌワラビ　78
イブリハナワラビ　30, 137
イワイタチシダ　109
イワイヌワラビ　87
イワウサギシダ　63
イワオモダカ　126
イワカゲワラビ　111
イワガネゼンマイ　52
イワガネソウ　53
イワシノブ　51
イワシロイノデ　117
イワデンダ　70
イワトラノオ　56
イワハリガネワラビ　65
イワヒバ　23

[ウ]
ウサギシダ　62
ウスゲミヤマシケシダ　93, 137
ウチワゴケ　45
ウチワマンネンスギ　18

[エ]
エゾスギナ　40
エゾデンダ　130
エゾノコスギラン　9
エゾノヒメクラマゴケ　20
エゾノヒモカズラ　22
エゾヒカゲノカズラ　14
エゾフユノハナワラビ　28, 137, 138
エゾミズニラ　19
エゾメシダ　84
エダウチトクサ　34

[オ]
オウレンシダ　47

オオエゾデンダ　131
オオクジャクシダ　140
オオゲジゲジシダ　139
オオバショリマ　69
オオミヤイヌワラビ　95
オオミヤマシケシダ　93, 137
オオメシダ　90
オクエゾスギナ　38
オクヤマシダ　113
オクヤマワラビ　86
オシダ　102
オシャグジデンダ　129
オニヤブソテツ　100

[カ]
カラクサイヌワラビ　83
カラクサイノデ　118
カラクサシダ　128
カラフトイワデンダ　73
カラフトミヤマシダ　79
カラフトメンマ　103
ガンソク　74

[キ]
キタダケデンダ　71
キタノミヤマシダ　96
キヨタキシダ　98

[ク]
クサソテツ　74
クジャクシダ　50
クマワラビ　106
クモノスシダ　58
クラマゴケ　139

[ケ]
ゲジゲジシダ　139, 140

[コ]
コウヤワラビ　75
コケシノブ　45
コケスギラン　21
コシノサトメシダ　81
コスギラン　9
コタニワタリ　59
コハナヤスリ　25

[サ]
サカゲイノデ　116

サトメシダ　80

[シ]
シシガシラ　77
シノブイノデ　118
シノブ　122
シノブカグマ　114
ジュウモンジシダ　120
シラネワラビ　112

[ス]
スギカズラ　17
スギナ　38
スギラン　10

[セ]
ゼンマイ　42

[タ]
タカネスギカズラ　17
タカネハナワラビ　140
タカネヒカゲノカズラ　16
タチマンネンスギ　18
タニヘゴ　105

[チ]
チシマヒカゲノカズラ　16
チシマヒメドクサ　35
チャセンシダ　54

[ツ]
ツルデンダ　121

[ト]
トウゲシバ　11
トガクシデンダ　73
トクサ　34
トラノオシダ　55

[ナ]
ナガホノナツノハナワラビ　33
ナツノハナワラビ　32
ナヨシダ　60
ナライシダ　99

[ニ]
ニオイシダ　87，110
ニッコウシダ　67

[ノ]
ノキシノブ　124，139

[ハ]
ハイホラゴケ　44
ハクモウイノデ　94，136，137
ハマハナヤスリ　25
ハルハナヤスリ　24

[ヒ]
ヒカゲノカズラ　14
ヒメイワトラノオ　57
ヒメコケシノブ　45
ヒメサジラン　127
ヒメシダ　66
ヒメスギラン　8
ヒメデンダ　71
ヒメドクサ　35
ヒメノキシノブ　125
ヒメハイホラゴケ　44
ヒメハナワラビ　26
ヒメミズニラ　19
ヒメヤブソテツ　100
ヒモカズラ　22
ビロードシダ　127
ヒロハトウゲシバ　11
ヒロハハナヤスリ　24

[フ]
フクロシダ　72，87
フサスギナ　40
フユノハナワラビ　27，137，138

[ヘ]
ヘビノシタ　26
ヘビノネゴザ　89

[ホ]
ホソイノデ　119
ホソバイタチシダ　107
ホソバシケシダ　91
ホソバトウゲシバ　11
ホソバナライシダ　99
ホソバノミヤマハナワラビ　140
ホタカワラビ　112
ホテイシダ　123

[マ]
マンネンスギ　18

[ミ]
ミサキカグマ　107
ミズスギ　13
ミズスギナ　36
ミズドクサ　36
ミズニラ　19
ミゾシダ　64
ミツデウラボシ　132
ミモチスギナ　38
ミヤマイタチシダ　108
ミヤマイヌワラビ　79
ミヤマイワデンダ　73
ミヤマウラボシ　133
ミヤマシケシダ　92，136
ミヤマシダ　97
ミヤマノキシノブ　124

ミヤマヒカゲノカズラ　16
ミヤマベニシダ　104
ミヤマヘビノネゴザ　88
ミヤマメシダ　85
ミヤマワラビ　68

[メ]
メニッコウシダ　67
メンマ　102

[ヤ]
ヤシャゼンマイ　43
ヤチスギナ　39
ヤチスギラン　12
ヤブソテツ　101

ヤマイタチシダ　109, 139
ヤマイヌワラビ　82
ヤマソテツ　49
ヤマドリゼンマイ　41
ヤマハナワラビ　29, 138
ヤマヒメワラビ　61
ヤマヤブソテツ　101

[リ]
リシリシノブ　51
リョウメンシダ　115

[ワ]
ワラビ　48

学名索引

[A]
Adiantum pedatum 50
Anisocampium niponicum 78
Arachniodes mutica 114
Arachniodes standishii 115
Asplenium capillipes 57
Asplenium incisum 55
Asplenium ruprechtii 58
Asplenium ruta-muraria 57
Asplenium scolopendrium 59
Asplenium tenuicaule 56
Asplenium trichomanes 54
Asplenium viride 54
Athyrium alpestre 86
Athyrium clivicola 83
Athyrium deltoidofrons 80
Athyrium melanolepis 85
Athyrium neglectum 81
Athyrium nikkoense 87
Athyrium rupestre 88
Athyrium sinense 84
Athyrium spinulosum 79
Athyrium vidalii 82
Athyrium yokoscense 89

[B]
Blechnum niponicum 77
Botrychium lunaria 26
Botrychium microphyllum 30, 137
Botrychium multifidum var. *multifidum* 29
Botrychium multifidum var. *robustum* 28, 137
Botrychium nipponicum var. *nipponicum* 31, 137
Botrychium strictum 33
Botrychium ternatum var. *ternatum* 27, 137
Botrychium virginianum 32

[C]
Coniogramme intermedia 52
Coniogramme japonica 53
Cornopteris crenulatoserrulata 95
Crepidomanes minutum 45
Cryptogramma crispa 51
Cyrtomium flacatum subsp. *flacatum* 100
Cyrtomium fortunei var. *clivicola* 101
Cystopteris filix-fragilis 60
Cystopteris sudetica 61

[D]
Davallia mariesii 122
Dennstaedtia hirsute 46
Dennstaedtia wilfordii 47
Deparia conilii var. *conilii* 91
Deparia mucilagina 93, 137
Deparia orientalis 94, 137
Deparia pterorachis 90
Deparia pycnosora 92, 136
Diplazium sibiricum var. *glabrum* 97
Diplazium sibiricum var. *sibiricum* 96
Diplazium squamigerum 98
Dryopteris amurensis 113
Dryopteris bissetiana 109
Dryopteris chinensis 107
Dryopteris crassirhizoma 102
Dryopteris expansa 112
Dryopteris fragrans 110
Dryopteris lacera 106
Dryopteris laeta 111
Dryopteris monticola 104
Dryopteris sabae 108
Dryopteris saxifraga 109
Dryopteris sichotensis 103
Dryopteris tokyoensis 105

[E]
Equisetum arvense f. *arvense* 38
Equisetum arvense f. *boreale* 38
Equisetum fluviatile 36
Equisetum hyemale var. *hyemale* 34
Equisetum palustre 37
Equisetum pretense 39
Equisetum scirpoides 35
Equisetum sylvaticum 40
Equisetum variegatum 35

[G]
Gymnocarpium dryopteris var. *aokigaharaense* 62
Gymnocarpium dryopteris var. *dryopteris* 62
Gymnocarpium jessoense 63

[H]
Huperzia cryptomerina 10
Huperzia miyoshiana 8
Huperzia selago 9
Huperzia selago var. *patens* 9
Huperzia serrata 11
Huperzia serrata var. *intermedia* 11
Huperzia serrata var. *serrata* 11
Hymenophyllum coreanum 45

[H]
Hymenophyllum wrightii　45

[I]
Isoetes asiatica　19
Isoetes japonica　19

[L]
Lepisorus annuifrons　123
Lepisorus onoei　125
Lepisorus thunbergianus　124
Lepisorus ussuriensis var. *distans*　124
Leptorumohra miqueliana　99
Loxogramme grammitoides　127
Lycopodiella cernua　13
Lycopodiella inundata　12
Lycopodium alpinum　16
Lycopodium annotinum　17
Lycopodium annotinum var. *acrifolium*　17
Lycopodium clavatum　14
Lycopodium clavatum var. *clavatum*　14
Lycopodium complanatum　15
Lycopodium dendroideum　18
Lycopodium sitchense var. *nikoense*　16

[M]
Matteuccia struthiopteris　74

[O]
Onoclea sensibilis var. *interrupta*　75
Ophioglossum petiolatum　25
Ophioglossum thermale var. *thermale*　25
Ophioglossum vulgatum　24
Osmunda japonica　42
Osmunda lancea　43
Osmundastrum cinnamomeum f. *fokiense*　41

[P]
Pentarhizidium orientale　76
Plagiogyria matsumurana　49
Pleurosoriopsis makinoi　128
Polypodium fauriei　129
Polypodium sibiricum　130
Polypodium vulgare　131
Polysticum azumiense　118
Polysticum braunii　119
Polysticum craspedosorum　121
Polysticum microchlamys　118
Polysticum ovatopaleaceum var. *coraiense*　117
Polysticum retrosopaleaceum　116
Polysticum tripteron　120
Pteridium aquilinum subsp. *japonicum*　48
Pyrrosia hastata　126
Pyrrosia linearifolia　127

[S]
Selaginella helvetica　20
Selaginella remotifolia　138
Selaginella selaginoides　21
Selaginella shakotanensis　22
Selaginella sibirica　22
Selaginella tamariscina　23
Selliguea hastata var. *hastata*　132
Selliguea veitchii　133
Stegnogramma pozoi subsp. *mollissima*　64

[T]
Thelypteris musashiensis　65
Thelypteris nipponica var. *borealis*　67
Thelypteris nipponica var. *nipponica*　67
Thelypteris palustris　66
Thelypteris phegopteris　68
Thelypteris quelpaertensis var. *quelpaertensis*　69

[V]
Vandenboschia kalamocarpa　44
Vandenboschia nipponica　44

[W]
Woodsia glabella　73
Woodsia ilvensis　73
Woodsia manchuriensis　72
Woodsia polystichoides　70
Woodsia subcordata　71

梅沢　俊（うめざわ　しゅん）　植物写真家

1945年，札幌生まれ。子供のころからチョウを求めて野山を駆けまわり，高校時代は生物部に。65年，北海道大学に入学し，学生時代は山スキー部に所属し，道内の山を歩きまわる。69年，同大農学部農業生物学科を卒業するも，頭を使う研究職には向かないことを自覚し，フリーターとして山を歩きながら暮らす道を探る。73年ころからフリーで北海道の野生植物を中心に写真撮影と執筆・研究活動を続ける。最近は，雨季のヒマラヤ地域に通い，高山植物の取材を続けている。

主な著書は，『新北海道の花』『新版　北海道の樹』（北海道大学出版会），『新版　北海道の高山植物』『山の花図鑑シリーズ　大雪山，夕張山地・日高山脈，アポイ岳・様似山道・ピンネシリ，藻岩・円山・八剣山，利尻島・礼文島（新版）』『北海道山歩き花めぐり』『北海道夏山ガイド（全6巻）』『北の花名山ガイド』（北海道新聞社），『山の花旅大雪山』『北海道百名山』『日高連峰』『利尻・知床を歩く』（山と渓谷社），『絵とき検索表北海道春の花・初夏の花・夏〜秋の花』（エコ・ネットワーク），『北の花つれづれに』（共同文化社）など（共著を含む）。

雨季のヒマラヤで幻の花 *Meconopsis taylorii* を撮影中

北海道のシダ入門図鑑

2015年7月10日　第1刷発行
2017年6月25日　第2刷発行

著　者　　梅沢　俊

発行者　　櫻井義秀

発行所　北海道大学出版会
札幌市北区北9条西8丁目 北海道大学構内（〒060-0809）
Tel. 011(747)2308・Fax. 011(736)8605・http://www.hup.gr.jp

㈱アイワード　　　　　　　　　　　　　　Ⓒ 2015　梅沢　俊
ISBN 978-4-8329-1399-8

新 北 海 道 の 花	梅沢　俊著	四六変・464頁 価格2800円
北海道の湿原と植物	辻井達一 橘ヒサ子 編著	四六・266頁 価格2800円
写真集北海道の湿原	辻井　達一 岡田　操 著	B4変・252頁 価格18000円
植 物 生 活 史 図 鑑 Ⅰ 春の植物 No.1	河野昭一監修	A4・122頁 価格3000円
植 物 生 活 史 図 鑑 Ⅱ 春の植物 No.2	河野昭一監修	A4・120頁 価格3000円
植 物 生 活 史 図 鑑 Ⅲ 夏の植物 No.1	河野昭一監修	A4・124頁 価格3000円
日本産花粉図鑑［増補・第2版］	藤木　利之 三好　教夫著 木村　裕子	B5・1016頁 価格18000円
北海道外来植物便覧 ―2015年版―	五十嵐　博著	B5・216頁 価格4800円
札　幌　の　植　物 ―目録と分布表―	原　松次編著	B5・170頁 価格3800円
北 海 道 高 山 植 生 誌	佐藤　謙著	B5・708頁 価格20000円
サロベツ湿原と稚咲内砂丘 林帯湖沼群―その構造と変化	冨士田裕子編著	B5・272頁 価格4200円
千 島 列 島 の 植 物	高橋　英樹著	B5・540頁 価格12500円
雑　草　の　自　然　史 ―たくましさの生態学―	山口裕文編著	A5・248頁 価格3000円
帰 化 植 物 の 自 然 史 ―侵略と攪乱の生態学―	森田竜義編著	A5・304頁 価格3000円
攪 乱 と 遷 移 の 自 然 史 ―「空き地」の植物生態学―	重定南奈子 露崎　史朗 編著	A5・270頁 価格3000円
植 物 地 理 の 自 然 史 ―進化のダイナミクスにアプローチする―	植田邦彦編著	A5・216頁 価格2600円
植　物　の　自　然　史 ―多様性の進化学―	岡田　博 植田邦彦編著 角野康郎	A5・280頁 価格3000円
高 山 植 物 の 自 然 史 ―お花畑の生態学―	工藤　岳編著	A5・238頁 価格3000円
花　　の　　自　　然　　史 ―美しさの進化学―	大原　雅編著	A5・278頁 価格3000円
森　　の　　自　　然　　史 ―複雑系の生態学―	菊沢喜八郎 甲山　隆司 編	A5・250頁 価格3000円

―北海道大学出版会―

価格は税別